Der Bewerbungs-Coach

EBOOK INSIDE

Die Zugangsinformationen zum eBook Inside finden Sie am Ende des Buchs.

Martin Sutoris

Der Bewerbungs-Coach

Von der Uni in den Job: Infos und Tipps für die perfekte Bewerbung und das erfolgreiche Vorstellungsgespräch

Mit Gastbeiträgen von 6 Karriere-Experten

 Springer

Martin Sutoris
Köln, Deutschland

ISBN 978-3-662-59457-5   ISBN 978-3-662-59458-2   (eBook)
https://doi.org/10.1007/978-3-662-59458-2

Die Deutsche Nationalbibliothek verzeichnet diese Publikation in der Deutschen Nationalbibliografie;
detaillierte bibliografische Daten sind im Internet über http://dnb.d-nb.de abrufbar.

Einbandabbildung: deblik, Berlin
Planung/Lektorat: Sarah Koch

Springer ist ein Imprint der eingetragenen Gesellschaft Springer-Verlag GmbH, DE und ist ein Teil von
Springer Nature
Die Anschrift der Gesellschaft ist: Heidelberger Platz 3, 14197 Berlin, Germany

Vorwort

Die meisten Bewerber unterschätzen immens, wie umfangreich und speziell das Fachwissen für eine gelungene Bewerbung sein kann. Im Zweifel geht es im Bewerbungsprozess nicht einfach nur um den ersten bzw. nächsten Job, sondern um die absolute Traumstelle und um einen wichtigen Karriereschritt. Von der Stellenrecherche über das Verständnis der Ausschreibung bis hin zur Gestaltung der Unterlagen und zur Vorbereitung des Vorstellungsgesprächs nebst Lampenfieber gilt es, vieles zu beachten. Es gibt unterschiedliche Fallen, in die Bewerber unwissentlich tappen können und sich damit eine möglicherweise große Chance für die Karriere verbauen. Im Internet findet man nicht immer die passenden Tipps und häufig sogar widersprüchliche oder unprofessionelle Ratschläge. Viel zu oft sind negative Gedanken und Selbstzweifel die Konsequenz von erfolglosen Bewerbungsschreiben und Vorstellungsgesprächen.

„Hätte ich das Coaching doch schon früher gemacht!" Das ist die zentrale Aussage aller Bewerbungsklienten. Und hoffentlich bleibt eine derartige Erkenntnis den Lesern dieses Buches erspart. Das wichtigste Anliegen dieses Ratgebers ist es daher, in drei großen Blöcken die elementaren Fragen rund um den Bewerbungsprozess zu klären und einen weiten Überblick zu geben: Bewerbungsunterlagen erstellen – Vorstellungsgespräch meistern – Backgroundwissen erwerben und verstehen. Diese drei Blöcke sind die drei großen Erfolgskriterien für den Zugang zu einer neuen Stelle.

Doch im Grunde entscheidet es sich oftmals bereits schon vor dem Versand oder Upload der Unterlagen, ob überhaupt Chancen auf einen Erfolg bestehen. Denn alles steht und fällt mit der Frage „Wer bin ich eigentlich?". Sobald das eigene Profil, ein klares Ziel und die persönlichen Wertvorstellungen formuliert sind, gehen viele Türen fast wie von alleine auf. Der Schlüssel für viele dieser Türen heißt ganz einfach „Passung". Wenn man sich selbst gut kennt, ist die Suche nach dem richtigen Job viel fokussierter, und es fällt wesentlich leichter, sich im „passenden" Licht zu präsentieren, sodass der Wunscharbeitgeber kaum noch Nein sagen kann. Das Schlüssel-Schloss-Prinzip greift, wenn der Bewerber weiß, was er will. Aus diesem Grund enthält der vorliegende Ratgeber einige Coaching-Übungen, die dir helfen werden, die Frage „Wer bin ich eigentlich" im Hinblick auf die Jobsuche möglichst weitgehend zu klären und effektiv in die Bewerbung einfließen zu lassen.

In meinen Bewerbungs- und Karrierecoachings begleite ich die unterschied-lichsten Menschen auf ihrer Jobsuche. Meist beginnt so ein Prozess mit einer Bestandsaufnahme der Vita: Welche Ausbildungen und Berufserfahrungen liegen vor? Welche weiteren Interessen, Fähigkeiten und Soft Skills sind darüber hin-aus vorhanden? Welche Wünsche oder Hoffnungen bringt ein Mensch für den nächsten Job sowie für seine langfristige berufliche Entwicklung mit? Welches individuelle Alleinstellungsmerkmal lässt sich speziell für diesen Bewerber her-ausarbeiten? Wie gut kennt dieser Mensch sich selbst mit all seinen Stärken und Schwächen? Wie ist er bereits bei der Jobsuche vorgegangen, und welche Stellen liegen innerhalb seines Suchradars? Wie gut passen Persönlichkeit und Suchkrite-rien zusammen? Aus welchen Gründen war die Jobsuche bisher noch nicht erfolg-reich? Sind vielleicht sogar die Unterlagen nicht ansprechend genug gestaltet? Liegt eine falsche Selbsteinschätzung oder Vorgehensweise vor? Spielen Nervo-sität oder Fehlverhalten im Vorstellungsgespräch eine entscheidende Rolle? Wie gut ist letztendlich die Passung zum Wunschjob, und wie gut wird diese Passung in den Bewerbungsunterlagen sowie im persönlichen Gespräch dargestellt? Sind persönliche Parameter wie Wohnort, Familiensituation, Gesundheitszustand oder private Interessen und Hobbys zu berücksichtigen?

Erst wenn diese Punkte geklärt sind, kann ein passgenaues und letztendlich zielführendes Coaching abgeleitet werden. Das nimmt Zeit in Anspruch – wahr-scheinlich viel mehr Zeit, als man im schnelllebigen, digitalen Zeitalter mitsamt seiner Copy-and-Paste-Kultur vermuten würde. Und dann ist die eigentliche Arbeit ja noch nicht getan: Text und Vita schreiben, Design gestalten – und das im Ide-alfall individuell für jede avisierte Stellenausschreibung – Stellen recherchieren, Unterlagen versenden usw.

In Teil I lernst du, professionelle Bewerbungsunterlagen anzufertigen. Du erfährst, aus welchen Teilen eine Bewerbung besteht, welche Funktion diese Teile haben, was an deren Gestaltung wichtig ist und wie du dein Profil passend zur angepeilten Stelle rüberbringst.

Teil II bereitet dich fachlich, mental und kommunikativ auf das Vorstellungs-gespräch vor. Du wirst lernen, wie du deine Wirkungskraft erhöhst, wie du Ent-scheider fachlich und persönlich überzeugst und wie du Lampenfieber in den Griff bekommen kannst.

In Teil III erhältst du viele grundlegende, aber auch übergeordnete Informatio-nen zum Bewerbungsprozess. Du erfährst unter anderem, wo passende Stellen zu finden sind, wie man Stellenausschreibungen interpretiert und wie man bei Absa-gen motiviert am Ball bleibt. Darüber hinaus laden dich Coaching-Übungen ein, dich im Hinblick auf den Bewerbungsprozess etwas besser kennenzulernen. Und ganz besonders wertvoll sind die essenziellen Tipps, die ich von vier geschätzten Coach-Kollegen und zwei Recruitern für diesen Ratgeber erhielt.

Ich wünsche dir eine hilfreiche Lektüre und viel Erfolg für deinen Weg in den richtigen Job.

Köln   Martin Sutoris
März 2019

▶ **Zusatzmaterial**

Eine Checkliste für die schriftliche Bewerbung sowie eine weitere für das Vorstellungsgespräch findest du zum Downloaden auf der Produktseite zum Buch unter www.springer.com.

▶ **Hinweise**

Dieses Buch enthält reale Beispiele erfolgreicher Bewerbungen – sowohl der schriftlichen Bewerbung als auch des Vorstellungsgesprächs. Sämtliche Namen, die in diesem Buch genannt werden, sind jedoch geändert, um die Anonymität und Persönlichkeitsrechte zu wahren. Sollten Parallelen zu anderen realen Personen entstehen, die dem Autor nicht persönlich bekannt sind, so ist dies ausschließlich rein zufällig der Fall.

Um eine bessere Lesbarkeit zu ermöglichen, wurde an vielen Stellen darauf verzichtet zu gendern.

Danksagung

Ein Buch schreibt sich nicht ganz von alleine. Daher möchte ich mich an dieser Stelle herzlich für das Mitdenken und Mitarbeiten bei zentralen Personen bedanken. Zunächst gilt mein Dank Nataly Savina für das Autoren-Coaching, das mir nicht nur bei diesem Projekt wertvolle Impulse gegeben hat. Auch die beiden Schreibübungen in Teil III entspringen ihrer Expertise. Außerdem danke ich Dr. Sarah Koch, Anja Groth und Regine Zimmerschied vom Springer-Verlag für die professionelle Zusammenarbeit und ihr kluges Mitgestalten sowie Dr. Ralf Hell, Beate Mies, Petra Dropmann, Andrea Schlotjunker, Aileen Fehlauer und Niclas Cronenberg für die exklusiven Gastbeiträge und Einblicke in ihre von mir sehr geschätzte Arbeit.

Inhaltsverzeichnis

Über den Autor

 **Martin Sutoris** studierte an der Universität Hildesheim Kulturwissenschaften mit den Schwerpunkten Kulturmanagement und Psychologie. Er arbeitete einige Jahre als pädagogischer Mitarbeiter und Geschäftsführer in den Bereichen Kultur und Bildung. Seit 2010 ist er als freiberuflicher Coach, Trainer und Referent bundesweit an Universitäten sowie in Akademien aktiv und arbeitet zudem mit Managern, Gründern, Sportlern und Privatpersonen. Themen seiner Seminare und Coachings sind Mentaltraining, NLP, Persönlichkeitsentwicklung, Beratungspsychologie, Entspannungsmethoden, Kommunikation und Rhetorik. Zudem coacht er seit mehreren Jahren Bewerber, d. h. Absolventen und Professionals, bei der Suche nach einem neuen Job. Dabei stehen gleichermaßen die Erstellung perfekter Bewerbungsunterlagen sowie die mentale Begleitung von der Vorbereitung der Vorstellungsgespräche bis hin zu der Frage „Welcher Job ist der richtige für mich?" im Fokus. Als ehemaliger Geschäftsführer kennt er auch die andere Seite des Prozesses und führte als Entscheider Bewerbungsgespräche durch.

Abbildungsverzeichnis

Tabellenverzeichnis

Teil I
Die schriftliche Bewerbung

Durch die schriftliche Bewerbung hast du die einmalige Chance, dich und dein berufliches Kompetenzprofil einem Unternehmen vorzustellen. Wenn du bei der Anfertigung deiner Unterlagen einige Punkte beachtest, kann deine Bewerbung dein Ticket zum Vorstellungsgespräch werden. In diesem Teil erfährst du, worauf es dabei ankommt. Neben der formalen Korrektheit gibt es nämlich noch eine ganze Reihe anderer wichtiger Punkte zu beachten sowie viele kleine Tipps, die das Zünglein an der Waage sein können.

Einleitung: Tu mal so, als wärst du Bestsellerautor

1

Gerade für junge Absolventen ist die Bewerbungsphase etwas ganz anderes als die wissenschaftliche Arbeit an der Uni. Sie markiert nicht nur den Übergang in einen neuen Lebensabschnitt, sondern ist Hoffnung und Herausforderung zugleich. Es gilt, sich in Themen wie Design und Sprachstil einzuarbeiten sowie ein Stück weit zum Verkäufer für die eigene Person und Qualifikation zu werden. Und das fällt nicht jedem leicht – zumal bei vielen Absolventen noch die Frage „Was will ich eigentlich beruflich machen?" in Gedanken permanent präsent ist. Ging es an der Uni bzw. in der gerade abgelieferten Abschlussarbeit noch um profundes Fachwissen, Wissenschaft und Inhalte, so stehen in der „Bewerbungsarbeit" eher vordergründige Verkaufsaspekte im Fokus. Der Gedanke, seine bisherigen Leistungen und Kompetenzen tabellarisch aufzulisten, reiche aus, weil das ja schon alles für sich spricht und ein Bild des Bewerbers erzeugt, öffnet nämlich noch lange keine Türen.

Denn nun sind nicht mehr gleichgesinnte Fachleute, sondern in aller Regel Personaler und Human-Resource-Mitarbeiter Ansprechpartner, die zig Bewerbungen gelesen haben und mit allen Wassern gewaschen sind. Auch wenn es die Aufgabe dieser Mitarbeiter ist, neues und qualifiziertes Personal zu finden sowie das Unternehmen als attraktiven Arbeitgeber darzustellen, machen sie sich nur zu gern die Mühe, Menschen zu vergleichen, zu bewerten und auf den metaphorischen Prüfstand zu stellen – das ist nicht immer das, was man sich unter wertschätzender Kommunikation vorstellt und Optimismus aufblühen lässt. Aber es ist ihr Job, und den wollen sie – wahrscheinlich genau wie du – gut machen. Diesen Prozess als Bewerber erfolgreich durchzustehen, wird an der Uni kaum vermittelt. Schließlich wollen Wissenschaftler bzw. Akademiker inhaltliche Arbeit leisten und nicht zum Verkäufer der eigenen Person werden.

Die schriftliche Bewerbung ist in aller Regel der Erstkontakt zu einem Unternehmen, in dem man gerne arbeiten möchte. Hierbei ist der erste Eindruck der sprichwörtlichen Begegnung genauso wichtig wie im persönlichen Gespräch. Für den ersten Eindruck gilt es, Sympathie und Kompetenz zu vermitteln. Und noch

© Springer-Verlag GmbH Deutschland, ein Teil von Springer Nature 2019
M. Sutoris, *Der Bewerbungs-Coach*, https://doi.org/10.1007/978-3-662-59458-2_1

vor dem Lesen der Unterlagen wird der erste Eindruck im Bruchteil einer Sekunde über die optische Wirkung vermittelt. Natürlich ist die Wirkung eines Designs subjektiv – und doch gibt es genau wie im persönlichen Gespräch Mindeststandards, die erfüllt sein müssen. Es liegt auf der Hand, dass dies auf die Begriffe „Übersichtlichkeit", „Klarheit", „Korrektheit" und „Sauberkeit" hinausläuft. Im Sinne des Priming-Effekts (Abschn. 2.1) entscheidet der erste Eindruck über Wohlwollen oder Missfallen. Wenn der erste Eindruck stimmt, ist für ein Unternehmen manchmal der „durchschnittliche" Bewerber interessanter als jemand, der vielleicht de facto besser qualifiziert ist, aber eine unübersichtliche Bewerbung mit dem einen oder anderen Rechtschreibfehler abliefert. Das mag in den Ohren junger und hoffnungsvoller Absolventen unfair klingen, doch muss man einfach wissen, dass die Bewerbungskultur hoch spezialisiert ist und letztendlich die Firmen entscheiden dürfen, für wen sie sich tatsächlich näher interessieren möchten. Natürlich kommt es manchmal vor, dass kleine Fehler verziehen werden und man den Job dennoch bekommt – aber das ist eher die Ausnahme.

Der Adressat der Bewerbung wird sich als Erstes einen schnellen Überblick über den Kandidaten verschaffen. Dabei zählen für ihn die vorhin erwähnten Faktoren Kompetenz und Sympathie. Denn in seiner Rolle als Personalentscheider muss für ihn schnell ersichtlich werden, ob ein Bewerber grundsätzlich für die vakante Position in Betracht gezogen werden kann, indem er die angeforderte Kompetenz mitbringt. Denn nur dann lohnt sich der Zeitaufwand, die Unterlagen weiter zu sichten oder den Menschen dahinter genauer kennenzulernen. Zudem ist ein Personaler auch „nur" ein Mensch und wird bei jeder Bewerbung anhand ihrer Wirkung ein Gefühl erleben, das sich irgendwo zwischen „sie/er könnte sehr gut passen" und „das geht ja gar nicht" nivelliert. Menschen sind soziale Wesen, und deswegen unterliegen ihre Entscheidungen häufig unbewusst den Faktoren Sympathie und Intuition.

Im Folgenden sind die wichtigsten Funktionen aufgelistet, die eine schriftliche Bewerbung erfüllen soll. Ist dies gewährleistet, steht der obligatorisch anstehenden Einladung zum Vorstellungsgespräch eigentlich nichts mehr im Wege:

- Positiven ersten Eindruck erzeugen
- Kompetenz und Sympathie vermitteln
- Passung zur Stelle aufzeigen
- Qualifikationen und Erfahrungen zielführend auflisten

Bewerbungsprozesse sind für Unternehmen eine sehr kostspielige Angelegenheit: Die Stellenanzeige muss bezahlt werden; um Bewerbungen zu sichten, zu priorisieren sowie um Vorstellungsgespräche zu führen, fallen nicht zu verachtende Kosten für den Zeit- und Personalaufwand an, sondern auch für Porto, Reisekostenerstattung, Büromaterial oder Assessment-Center-Events. Größere Unternehmen entwickeln IT-basierte Onlinefunktionen für den Upload der Bewerbungen, sie kaufen Potenzialanalyse-Software ein, engagieren teure Headhunter, Personalagenturen oder psychologische Berater; und dann braucht es noch eine gewisse Einarbeitungszeit, bis der Mitarbeiter schließlich vollends produktiv und effektiv mitarbeiten kann und sich für das Unternehmen „rechnet". Auch wenn das den Eindruck entstehen lässt, dass Mitarbeiter für Unternehmen nur ein Kostenfaktor sind, so wissen gute Unternehmen um den Wert fähiger und motivierter Mitarbeiter. In der heutigen sog. Arbeitswelt 4.0 spielt die Mitarbeiterzufriedenheit eine sehr große Rolle. Dennoch ist es wichtig zu verstehen, dass Unternehmen – nicht nur, aber auch – wegen des hohen Kostenaufwands im Bewerbungsprozess keinen Spaß verstehen und einen hohen Wert auf Professionalität legen.

> **Tipp**
> Die Wirkung deiner Bewerbung soll zugleich Sympathie und Kompetenz vermitteln. Sie ist der erste Eindruck über deine Person, der über alles Weitere entscheiden kann.

Die Bestandteile einer vollständigen Bewerbung

2

Nun geht es um die Frage, was eine erfolgreiche Bewerbung enthalten und wie das Ganze aussehen soll. Um diese Frage zu erörtern, möchte ich zunächst einen bildlichen Vergleich ziehen, denn die perfekte Bewerbung ist strukturell vergleichbar mit einem erfolgreichen Fach- bzw. Sachbuch.

Folgende Elemente sind Bestandteile eines guten Fach- bzw. Sachbuches:

- Cover und Titel
- Inhaltsverzeichnis
- Prägnanter erster Satz
- Text
- Rückseite
- Testimonials
- Ein Verlag im Hintergrund, der über ein Lektorat und zudem über Marketing-Know-how verfügt

> **Tipp**
> Schreibe keine Bewerbung – schreibe einen Bestseller! Wenn du diesen Leitsatz in dein Mindset aufnimmst, wird es dir leichter gelingen.

Damit sich ein Buch erfolgreich verkauft, erfüllt es zwei wesentliche Aspekte: Erstens hat es auf den Betrachter eine attraktive Wirkung. Design oder Titel – bestenfalls natürlich beides zusammen in einer guten Kombination – wecken das Interesse des Betrachters. Ob der Autor bekannt ist oder nicht, spielt dann eine eher untergeordnete Rolle. Denn nun hilft ein Blick auf die Rückseite oder in das Inhaltsverzeichnis des Buches, um zu erfahren, was das Buch „kann", welches Informations- oder Lesebedürfnis es zu stillen vermag. Zweitens muss das Buch also einen Nutzen anbieten, der in das Suchradar des Betrachters passt.

© Springer-Verlag GmbH Deutschland, ein Teil von Springer Nature 2019
M. Sutoris, *Der Bewerbungs-Coach,* https://doi.org/10.1007/978-3-662-59458-2_2

Eine erfolgreiche Bewerbung orientiert sich aus meiner Coaching-Erfahrung heraus zum einen genau an diesen beiden Aspekten und zum anderen an den Elementen eines Fachbuches. Und übertragen auf die Anfertigung der schriftlichen Bewerbung bedeutet das, dass man ruhig mal so tun sollte, als wäre man ein Bestsellerautor. Warum denn nicht? Auch wenn das etwas reißerisch klingen mag, so darf man sich von Erfolgsautoren durchaus eine kleine Scheibe abschneiden. Es geht hierbei nicht um Überheblichkeit, sondern schlicht um Professionalität – und im Zweifel um deinen Traumjob.

Eine zielführende Bewerbung besteht aus diesen Elementen:

- Deckblatt und Foto
- Lebenslauf
- Anschreiben
- Motivationsschreiben und Kompetenzprofil
- Lebenslauf

Was hat das nun mit einem Bestsellerfachbuch zu tun, und was genau sind die Gemeinsamkeiten mit einer Bewerbung? Tab. 2.1 zeigt die entsprechenden Parallelen auf, bevor im Detail erklärt wird, worum es dabei jeweils geht.

Am besten legst du zunächst alle Dokumente jeweils als eigene Datei an. Achte bitte darauf, dass alle Dateien dieselben Schriftarten, Seitenränder und auch denselben Zeilenabstand haben. Solltest du mit einer Kopfzeile arbeiten, sollten die einzelnen Datei natürlich alle dieselbe Kopfzeile haben.

Tab. 2.1   Parallelen zwischen einem Fachbuch und einer Bewerbung

Buch	Bewerbung	Funktion
1. Cover und Titel	Deckblatt mit Foto, Name, Berufsbezeichnung und ggf. Claim	Aufmerksamkeit erzeugen
2. Inhaltsverzeichnis	Lebenslauf	Das Potenzial und die eigentliche Substanz logisch aufgebaut verdeutlichen, Nutzen verdeutlichen
3. Prägnanter erster Satz	Der erste Satz im Bewerbungsanschreiben	Effekt erzeugen: „Das muss ich lesen!"
4. Text	Bewerbungsanschreiben	Bedürfnis des Lesers erfüllen, Passung klarstellen
5. Rückseite	Motivationsschreiben, Kompetenzprofil	Kaufimpuls auslösen, das eigene Profil abrunden
6. Testimonials	Arbeits- bzw. Ausbildungszeugnisse	Als Referenz dienen, den Kaufimpuls absichern
7. Verlag (Lektorat und Marketing)	Freunde um Hilfe bitten	Fehler vermeiden, Formulierungen verfeinern, Tipps geben lassen

Für den Fall, dass du eine Schreibblockade hast und dir weder ein Was noch ein Wie einfallen, erhältst du in Kap. 18 ein Schreib-Coaching.

2.1   Deckblatt

Viele Verlage behaupten, dass sich ein Buch vor allem durch die Attraktivität des Covers und des Titels vermarkten lässt. Diese Funktion muss nun dein Deckblatt übernehmen. Gestalte ein Deckblatt, das wie ein attraktives Buchcover wirkt und den „Haben-Wollen-Effekt" auslöst. Dazu gehört auf jeden Fall dein Foto, dein Name sowie deine Berufsbezeichnung – verpackt in einem angemessenen Design. In Kap. 3 findest du einige Beispiele für ein gelungenes Deckblatt.

Die Maxime ist nun, dass das Deckblatt wie ein attraktives und professionelles Cover wirken soll. Folgende Struktur bietet sich dafür an: Es kann nie schaden, wenn dein Deckblatt den Titel „Bewerbung auf die Stelle …" oder eben „Bewerbung als …" enthält. Platziere dann dein Foto ruhig nicht zu klein in die Mitte des Blattes. Der Gedanke, dass man sich als gut erzogener Mensch nicht in den Mittelpunkt drängen möchte, ist bei einer Bewerbung völlig fehl am Platze.

Zudem kann ein wenig Schattenwurf nicht schaden, da das Foto dann einen kleinen 3-D-Effekt zeigt und greifbarer wirkt. Bitte übertreibe es aber bitte nicht mit Schatten oder anderen Designfunktionen, indem du z. B. dicke Rahmen um das Foto legst. Früher noch wurde jeder Bewerbung ein richtiger Fotoabzug aufgeklebt, sodass ein künstlicher 3-D-Effekt natürlich nicht mehr vonnöten war. Heute ist in dieser Hinsicht die digitale Datei State oft the Art.

Anschließend nennst du deinen Namen und deine Berufsbezeichnung sowie deine Kontaktdaten. Manchmal ist in der Stellenausschreibung noch ein Referenzcode oder eine andere Nummer zu finden, und es wird darum gebeten, diesen Code in der Bewerbung anzugeben. Das ist eine Arbeitsweise von meist größeren Unternehmen, die mehrere und auch ähnliche Stellen ausschreiben. Anhand des Codes können die Entscheider deine Bewerbung treffsicher der entsprechenden Vakanz zuordnen. Achte darauf, dass du diesen Code nicht übersiehst bzw. nicht vergisst. Der Code kann ebenfalls gut auf dem Deckblatt untergebracht werden.

Ein wichtiger Punkt ist auch die Wahl einer geeigneten Schriftart. Die meisten Textverarbeitungsprogramme haben Schriftarten wie Arial, Helvetica, Times oder Calibri ab Werk voreingestellt, sobald du ein neues Dokument öffnest. Nimm dir etwas Zeit, um eine für dich geeignete Schriftart auszusuchen. Du verleihst der Wirkung deiner Bewerbung damit Individualität und zeigst, dass du dir selbst über vermeintlich kleinere Details Gedanken machst. Frage dich bei der Wahl der Schriftart, welches Erscheinungsbild zum avisierten Job passt. Grundsätzlich gilt, dass die Schrift gut lesbar sein und nicht zu spielerisch wirken sollte. Dennoch kann man selbst innerhalb der Auswahl von den gut lesbaren Schriften feine Unterschiede finden. So kann eine Bewerbung für einen kreativen Job durchaus eine andere Schrift aufweisen als die Bewerbung für einen wissenschaftlichen Job. Ein kreativer Designer, der in seiner Bewerbung vielleicht mit der Stärke der Lebhaftigkeit punkten möchte, will schließlich ein anderes Bild von sich vermitteln als jemand, der wissenschaftliche Fakten analysiert und für absolute Klarheit steht.

Achte bei der Auswahl der Schrift auch auf den jeweiligen Zeilenabstand. Wie du später noch erfahren wirst, ist es wichtig, Anschreiben und Lebenslauf auf je einer Seite zu platzieren. Wenn der Zeilenabstand zu groß ist, lässt sich die Obergrenze von einer Seite nicht bei jeder Schriftart einhalten – auch nicht, wenn man den Abstand anschließend manuell verkleinert.

Achte bereits bei der Komposition des Deckblattes darauf, dass du einen ausreichend großen Seitenrand einstellst. Die Unternehmen drucken Bewerbungen gern aus, um sich darauf Notizen zu machen. Und wahrscheinlich hat jeder Teilnehmer eines Vorstellungsgesprächs deine Dokumente vor sich auf dem Tisch liegen. Gib auch ihnen die Möglichkeit, Notizen zu deiner Person direkt in deinen Unterlagen zu machen, denn das erhöht im Nachgang deinen Wiedererkennungswert.

> **Tipp**
> Solltest du einen Grafikdesigner kennen, frage ihn, ob er dir individuelle Tipps für die Gestaltung deiner Bewerbung geben kann.

Mutige Bewerber nennen auf ihrem Deckblatt im Sinne eines Buchtitels zusätzlich noch ein kurzes Motto, mit dem sie ihre Professionalität verdeutlichen. Hier sind einige Beispiele, die zum Erfolg führten:

- Martin Mustermann, Dipl.-Ingenieur: Experte für Brückenbau
- Lise Lotte, M. Sc. Kulturmanagement: Kreative Generalistin
- Hans Schuster, M. Sc. Chemie: Sorgfältiger Synthetiker und akribischer Analyst
- Petra Müller, Architektin: Kreativer Kopf und Konstrukteurin

Für Neulinge im Bewerbungsprozess mag das zunächst etwas befremdlich klingen. Doch die zentrale Frage lautet: Funktioniert es oder nicht? Und ja, es funktioniert! Denn auch clevere Werbestrategen erfinden für jedes ihrer Produkte einen Claim, der griffig ist, der ein Bild vor dem geistigen Auge des Hörers bzw. Betrachters erzeugt und der eine Besonderheit oder einen Nutzen erahnen lässt. Natürlich übertreiben manche Werbetexter etwas – doch kann man sich diese Idee sehr gut für die eigene Bewerbung zunutze machen.

Ein sehr einleuchtendes Beispiel für so einen Claim ist das Produkt einer berühmten kalifornischen Computerfirma, die mit einer neuen digitalen Technik im Jahr 2004 versuchte, das Hörverhalten von Musik-CD-Konsumenten gänzlich zu verändern. Mithilfe eines damals neu entwickelten MP3-Players brauchte man als Musikfan ab sofort weder einen CD-Spieler noch eine CD. Der Claim lautete „1000 Songs in deiner Tasche". Damit wird wirklichem jedem klar, dass die CD-Sammlung, die vielleicht drei oder vier Regalbretter füllt und zum Teil schon wegen verkratzter Oberflächen unbrauchbar ist, ab sofort überflüssig ist – und dass man umgehend dieses neue Gerät kaufen muss. Unter Konsumenten wie auch unter Werbeexperten gilt dieser Claim bis heute als Lehrbuchbeispiel für den perfekten Werbetext. Zu schön ist der Gedanke, wie man versucht, 100 CDs in die Tasche zu stopfen.

Du als Bewerber hast durch die Formulierung eines Mottos die Chance, kurz und knapp – bevor deine Unterlagen überhaupt ausführlich gelesen werden – einen positiven Eindruck zu erzeugen. Psychologen sprechen an dieser Stelle von dem Priming-Effekt: Eine vorgeschaltete Information bestimmt, wie die nachfolgende Information wahrgenommen wird. Das kennst du aus deinem Alltag. Wenn du beispielsweise im Supermarkt ein „Achtung – Erdbeeren im Angebot! Kaufen Sie heute Erdbeeren" in der Lautsprecherdurchsage hörst, wirst du eher zugreifen, als wenn die Information nur lautet „Kaufen Sie heute Erdbeeren". Somit macht sich ein „Martin Mustermann, Dipl.-Ingenieur: Experte für Brückenbau" wesentlich interessanter als nur ein „Martin Mustermann, Dipl.-Ingenieur". Die Art, wie die Bewerbung danach gelesen wird, ist eine ganz andere.

Es kann selbstverständlich sein, dass alle anderen Mitbewerber für einen bestimmten Job viel besser qualifiziert sind als unser Martin Mustermann – aber aus Sicht des Lesers, der dringend einen Ingenieur für den Bau neuer Brücken sucht, ist so schnell kein weiterer Experte im Bewerbungsverfahren dabei. Und wenn doch, wird es ihn viel Mühe kosten, die vielen langen Bewerbungen zu durchforsten, um dann fachfremd zu entscheiden, wer für diesen Job ein guter Ingenieur sein könnte und wer nicht. Martin Mustermann nimmt ihm diese Arbeit dankenswerterweise ab, und allein das ist ein Pluspunkt aus Sicht des Lesers. Es ist selbstredend eine Voraussetzung in diesem Beispiel, dass Herr Mustermann im Bereich Brückenbau auch etwas kann. Dann hilft es ihm tatsächlich, dies an exponierter Stelle zu sagen und eine Art Etikett für sein Alleinstellungsmerkmal zu formulieren.

Der Gedanke, die reine Bewerbung als Auflistung von Informationen muss für sich sprechen, ist höchstwahrscheinlich nicht ausreichend. Personaler haben Abertausende Bewerbungen gelesen und lassen sich daher nicht so leicht ködern. Im Laufe ihres Berufslebens haben sie eine hohe Erwartungshaltung entwickelt. Auch wenn man als potenzieller Mitarbeiter noch so fähig und motiviert ist – man kommt dem Job ein gutes Stück näher, wenn man das auch (über-)deutlich anklingen lässt.

Wichtig ist bei der Formulierung natürlich, dass es abermals um die Passung geht. Welches Attribut oder Adjektiv repräsentiert dich und deine fachlichen Stärken so, dass ein Arbeitgeber aufmerksam werden muss?

Aufgabe

Kreiere zusammen mit Freunden zu den Zielberufen passende Motti für eure Deckblätter! Holt euch Inspiration dafür bei den Werbebotschaften bekannter Unternehmen und bleibt bei der Formulierung dennoch in einem angemessenen, professionellen Rahmen. Arbeitet ggf. auch mit rhetorischen Stilmitteln – eine Auflistung inklusive zahlreicher Beispiele ist z. B. bei Wikipedia zu finden.

2.2   Foto

Bereits die Komposition des Fotos kann über Erfolg oder Misserfolg entscheiden. Der Sinnspruch, dass ein Bild mehr aussagt als tausend Worte, wird
vom Betrachter unbewusst als Bewertungsmaßstab herangezogen. Doch was gibt
es bei einem guten Foto zu beachten? Die zentralen Tipps für ein gelungenes
Bewerbungsfoto lauten:

- Grundsätzlich gilt, dass ein Bewerbungsfoto in einem professionellen Fotostudio angefertigt werden sollte. Schau dir ruhig mehrere Studios an und entscheide dich für den Fotografen, bei dem du dich intuitiv am wohlsten fühlst.
  Das hilft dir anschließend, dich im Fotoshooting zu entspannen und schnell
  du selbst zu sein. Dein Foto soll ebenfalls die Wirkungsfaktoren der Sympathie und Kompetenz vermitteln. Es ist dabei keinesfalls wichtig, dass du ein
  Model-Gesicht hast! Viel entscheidender ist es, dass du dich beim Shooting
  wohlfühlst. Denn ein gekünsteltes Lächeln wird vom geschulten Personaler-
  auge sofort entlarvt und dankend abgelehnt.
- Denke im Moment des Shootings einfach an Momente in deinem Leben, an
  denen du beispielsweise entspannt, glücklich oder kompetent warst. Deine
  Körpersprache wird durch die Erinnerung daran ganz von alleine authentisch –
  und dann im richtigen Moment eingefangen. Blicke dabei direkt in die Kamera.
  Der Betrachter des Fotos fühlt sich dann wortwörtlich von dir angesprochen.
  Denn auch im persönlichen Gespräch ist Augenkontakt wichtig, weil sich
  dadurch Offenheit und Ehrlichkeit ausdrücken. Vielleicht kennst du das: Du
  blickst deinem Gesprächspartner in die Augen und meinst zu wissen, was
  gerade in ihm vorgeht? Über den direkten Augenkontakt vermitteln sich Stim-
  mungen und Wesenszüge – daher ist es eine nützliche Idee, während des Shootings an die vorhin beschriebenen Situationen zu denken.
- Achte zusammen mit dem Fotografen auf den Hintergrund: Passt dessen Farbe
  zu deiner Kleidung und Hautfarbe? Wenn nicht, hilft anschließend Photoshop
  weiter.
- Trage beim Fotoshooting die Kleidung, die du auch aller Voraussicht nach im
  Job tragen wirst. Als Ausnahme können beispielsweise Arzt- oder Laborkittel
  sowie Sicherheitskleidung genannt werden. Eine weitere Ausnahme ist der Fall,
  wenn du aller Voraussicht nach im Job später ein T-Shirt tragen wirst. Wähle
  für das Foto auch dann lieber ein Hemd bzw. eine Bluse.
- Zudem darf die Kleidung dein Gesicht nicht verdecken – Vorsicht mit großen
  Kragen oder Schals. Die Farbe der Kleidung sollte zu deinem Hauttyp passen.
  Sicherheitshalber kannst du zum Fototermin eine zusätzliche Krawatte oder ein
  andersfarbiges Jackett mitbringen, falls es besser zum Hintergrund im Studio
  passen sollte oder du dich damit letztendlich wohler fühlst. Für Männer ist es
  kein „Must-do" mehr, eine Krawatte zu tragen.
- Bitte den Fotografen, mehrere Motive von dir einzufangen. Probiert aus,
  ob die Wirkung deines Fotos besser ist, wenn du lächelst oder eher neutral

dreinblickst. Natürlich ist eine freundliche Mimik angebrachter als ein ernster Blick – aber es geht hier voll und ganz um deine persönliche Wirkung. Wenn Fotoshootings einfach nicht dein Ding sind und du dir nur widerwillig ein verkrampftes Lächeln abringen kannst, dann probiere unbedingt etwas anderes aus!

- Photoshop ist dein Freund. Jeder gute Fotograf kann und sollte dein Foto ein klein wenig nachbearbeiten. Nicht nur die Korrektur von Schlaglichtern, Schatten oder vielleicht sogar der Hintergrundfarbe ist möglich, sondern auch das Retuschieren von Augenringen oder Hautirritationen. Maxime ist, dass die Bearbeitung beim Betrachten des Fotos nicht entlarvt werden kann.
- Der Fotograf wird dich bitten, in unterschiedlichen Positionen zu sitzen oder zu stehen. Häufig geht es darum, sich auf einem Stuhl sitzend leicht nach vorn zu lehnen und eine Schulter in Richtung Kamera zu drehen. Probiert einfach gemeinsam aus, in welcher Haltung du dich wohlfühlst, um auf dem Foto sympathisch und kompetent zu wirken. Es ist ein althergebrachter Standard, dass Fotografen nur deinen Kopf und den obersten Teil des Oberkörpers im Bildausschnitt platzieren. Viel moderner ist es, wenn dein Foto mehr von dir zeigt und die Bildkomposition deinen ganzen Oberkörper einfasst. Auch Fotos, die stehend aufgenommen werden, sind für Bewerbungen en vogue. Das ist jedoch nicht allen Fotografen bewusst – probiert daher aus, wie du persönlich am besten wirkst.
- Investiere nicht nur in entsprechende Kleidung, sondern unmittelbar bzw. höchstens einen Tag vor dem Shooting auch in einen Termin bei deinem Frisör.
- Solltest du der Überzeugung sein, dass du partout nicht fotogen bist, so lasse diesen Gedanken beiseite und vertraue auf die Meinung des Fotografen. Nimm zur Not einen Freund mit ins Fotostudio und hole dir von ihm ein neutrales Feedback ein.
- Achte darauf, dass dein Aussehen im Vorstellungsgespräch in natura nicht zu sehr vom Bewerbungsfoto abweicht. Zu groß wäre die Verwirrung über eine entsprechende Differenz.
- Und noch ein Tipp am Rande: Frage in deiner örtlichen Arbeitsagentur nach einem Bewerbungskostenzuschuss. Die Sachbearbeiter vor Ort informieren dich, unter welchen Voraussetzungen du diesen Zuschuss erhalten kannst. In jedem Fall ist es eine Voraussetzung, zuerst eine Beratung anzufragen und danach das Foto schießen zu lassen. Die Beratung muss den real anfallenden Kosten vorausgehen, sonst kann im Nachhinein nichts erstattet werden.

> **Tipp**
> Das Bewerbungsfoto ist eine professionelle Angelegenheit und sollte in jedem Fall von einem Fachmann gemacht werden. Gib dich unter Umständen nicht mit einem Foto zufrieden, das dir nicht gefällt – du solltest dich mit dem Ergebnis wohlfühlen. Ziel des Fotos ist es ebenfalls, Sympathie und Kompetenz zu vermitteln.

2.3   Lebenslauf (Vita)

Der Lebenslauf ist das Pendant zum Inhaltsverzeichnis eines Fachbuches. Es soll sich daraus eine logische und übersichtliche Auflistung der enthaltenen Themen ergeben. Dies ermöglicht es dem Leser zu erkennen, was genau das Potenzial des Buches ist und welche Substanz darin enthalten ist. Normalerweise ist jedes Kapitel noch in Unterkapitel gegliedert. Dadurch ergibt sich eine Vertiefung der Substanz, und es lässt sich schon vor der eigentlichen Lektüre erkennen, was das Buch „kann". Zudem kann der Leser entscheiden, welches Kapitel für seinen Informationsbedarf am wichtigsten ist und wo es sich lohnt, genauer hinzuschauen. Zudem können anhand des Inhaltsverzeichnisses mehrere Bücher zum gleichen Fachthema schneller miteinander verglichen werden.

All diese Punkte lassen sich nun auf deinen Lebenslauf und dessen Funktion übertragen. Die Maxime heißt: Lasse den Leser mithilfe deines Lebenslaufs und dessen Gestaltung sofort erkennen, was du kannst. Dein Potenzial und deine fachliche Substanz müssen logisch aufgebaut und übersichtlich erkennbar werden. Der Lebenslauf zeigt, was du kannst und ob es sich für den Leser lohnt, genauer hinzuschauen. Das ist einerseits eine wichtige Chance – andererseits macht dich ein guter Lebenslauf gegenüber Mitbewerbern auch besser vergleichbar. Doch bedenke: Genau das ist es, was du willst! Denn du möchtest den Job haben und du möchtest mit deiner Bewerbung verdeutlichen, warum du ihn bekommen solltest. Der Lebenslauf ist sozusagen eine Hilfe zum Verständnis deiner Person.

Ein guter Lebenslauf enthält zunächst vier Bereiche bzw. vier Kapitel:

1. Persönliche Daten
2. Studium (alternativ: Qualifikation oder Ausbildung)
3. Berufliche Erfahrungen
4. Sonstige Kompetenzen

In den nächsten Abschnitten erfährst du, welche Informationen darin enthalten sein sollten. Bitte beachte: Die folgenden Tipps beziehen sich vor allem auf den deutschen Arbeitsmarkt und auf dessen Bewerbungskultur. In manch anderen Ländern sind teilweise unterschiedliche Standards zu berücksichtigen.

Wenn du irgendwann nicht mehr auf der Suche nach dem ersten Job nach dem Studium bist, sondern den nächsten Karriereschritt anpeilst, solltest du in der Reihenfolge die beruflichen Erfahrungen dem Studium vorziehen.

> **Tipp**
> Potenzial und Substanz klar gegliedert darstellen – das ist nun die Maxime für deinen Lebenslauf.

2.3.1 Persönliche Angaben

Mit den persönlichen Angaben nennst du – in tabellarischer Form – ganz einfach die „Eckdaten" zu deiner Person. Dazu gehören, sofern du das nicht in einer Kopfzeile benannt hast, Name, Anschrift, Telefonnummer, E-Mail-Adresse und evtl. ein Link zu deinem Profil in XING bzw. LinkedIn. Zudem nennst du noch dein Geburtsdatum und -ort, deinen Familienstand, deine Konfession sowie deine Staatsangehörigkeit. Solltest du kein deutscher Staatsbürger sein, empfiehlt sich ein Hinweis darauf, dass du – wenn es denn stimmt – über eine Arbeitserlaubnis verfügst.

Hierbei handelt es sich in der Tat um sehr persönliche sowie sensible Daten, die man völlig unbekannten Menschen mitteilt. An dieser Stelle musst du einfach in Vorleistung gehen und dem Unternehmen eben nicht nur diese Informationen mitteilen, sondern auch einen Vertrauensvorschuss gewähren. Seriöse Unternehmen behandeln eigentlich jede Bewerbung vertraulich und achten an dieser Stelle sehr auf Datenschutz.

Aufgeweckte Leser werden an dieser Stelle schnell verstehen, dass solche persönlichen Angaben auch zu einer Diskriminierung führen können. Leider ist genau das hin und wieder Realität – in Einzelfällen lehnen Unternehmen aufgrund falscher Vorurteile z. B. Menschen mit ausländischen (Nach-)Namen sowie Frauen bzw. junge Mütter oder auch Menschen, die bestimmte Konfessionen angeben, kategorisch ab. Dieses Problem nennt sich Arbeitsmarktdiskriminierung und ist durch mehrere Untersuchungen belegt. Die halbwegs gute Nachricht lautet: Akademiker sind davon eher weniger betroffen als Menschen, die in geringqualifizierten Arbeitsverhältnissen tätig sind. Und gerade im Bereich der Frauenförderung – Stichworte: Frauenquote in Führungspositionen und Gleichberechtigung bei der Vergütung – ist seit einiger Zeit viel in Bewegung. Zudem gibt es sehr viele Unternehmen, die sich bewusst für Diversität einsetzen und darin klare Vorteile erkennen.

Um der Arbeitsmarktdiskriminierung entgegenzuwirken, wirbt der Bund durch seine Antidiskriminierungsstelle für die anonyme Bewerbung. Deren Prinzip ist es, die persönlichen Angaben explizit nicht zu nennen und nur die reine Vita – Studium und Berufserfahrungen – für sich sprechen zu lassen. Auch ein Foto gehört nicht zur anonymen Bewerbung. Bei allen Vorteilen, die dieses Prinzip mit sich bringt, muss man sich jedoch klarmachen, dass Arbeitgeber skeptisch sind, wenn Bewerber vielleicht wichtige Informationen über die eigene Person vorenthalten. Der Gedanke, dass es mit gutem Grund etwas zu verheimlichen gibt, liegt einfach zu nahe und lässt die Bewerbung relativ schnell im Papierkorb verschwinden. Außerdem ist das Arbeitsrecht hierzulande in vielen Bereichen so ausgelegt, dass Arbeitnehmer sehr gut geschützt werden, und aus Unternehmenssicht ergibt es daher Sinn, Vorsicht walten zu lassen, wenn Bewerber nicht von vornherein mit offenen Karten spielen. Eine anonyme Bewerbung sollte nur dann abgegeben werden, wenn das die Stellenausschreibung eindeutig vorgibt.

Bei den persönlichen Angaben entsteht eine häufige Streitfrage, wenn man schon eines oder mehrere Kinder hat: Erwähnt man diese oder nicht? Wer möchte schon seine Kinder verheimlichen? Zusammen mit einem Ehepartner – oder auch alleine – ein Familienleben zu managen, ist eigentlich eine ganz klare und vorteilhafte Kompetenz. Dennoch gibt es Unternehmen, die anhand von Vorurteilen oder durch schlechte Erfahrungen gerade Eltern junger Kinder ablehnen. Was ist, wenn das Kind krank ist und der Mitarbeiter nicht zur Arbeit kommen kann? Solche und ähnliche Probleme müssen Unternehmen schlichtweg gemeinsam mit ihren Angestellten lösen, anstatt Bewerber abzulehnen – doch das ist leider mancherorts noch Wunschdenken anstatt Realität. Die Vereinbarkeit von Beruf und Familie ist eine gesellschaftliche Aufgabe, die noch viele Defizite auszugleichen hat.

Wenn du dich nicht gerade auf einen im weitesten Sinne pädagogischen Job bewirbst, ist es im Zweifel – leider! – erfolgversprechender, die eigenen Kinder nicht zu erwähnen. Sollte die Kinderfrage im Vorstellungsgespräch angesprochen werden, sage einfach, wie es ist: Dass du einerseits Sorge hattest, deswegen abgelehnt zu werden, und dass du andererseits durch deine Verantwortung, ein Kind zu erziehen, organisatorische, soziale und kommunikative Kompetenzen sowie erste Führungserfahrung erworben hast. Sage auch klar, dass du im Krankheitsfall des Kindes für eine Betreuung sorgen kannst. So wird der Kinderaspekt nicht zum Nachteil ausgelegt – sicher ist sicher.

Alle Menschen, auch Schwangere (!), dürfen im Vorstellungsgespräch der Frage nach einem möglichen Kinderwunsch ausweichen und elegant behaupten: „Für mich steht derzeit die berufliche Entwicklung absolut im Fokus. Die Familienplanung hat noch Zeit." Hier steht der Gesetzgeber aufseiten der Arbeitnehmer und Familien, denn es ist rechtlich legitim, eine Schwangerschaft oder einen Kinderwunsch zu leugnen. Oder noch richtiger gesagt ist die Frage danach gar nicht erst zulässig – und wer deswegen den Job nicht bekommt, kann rein juristisch betrachtet gerichtlich dagegen vorgehen.

Es gibt im Bewerbungsprozess jedoch keinen Standard in der Frage, ob Behinderungen angegeben werden sollten oder nicht – es gibt auch kein Muss. Jeder Bewerber kann für sich selbst entscheiden – sofern es nicht in der Stellenausschreibung gefordert ist – ob er diesbezüglich Angaben macht.

Tipp
Entscheide sorgfältig, welche Angaben du machst. Die Grenze zwischen wahrheitsgemäß und vorteilhaft ist schmal und muss individuell festgelegt werden.

2.3.2 Studium und Bildung

Dieser Abschnitt des Lebenslaufs informiert über dein Studium sowie über weitere Qualifikationen. Es kann ja sein, dass du vor Beginn des Studiums eine Berufsausbildung absolviert oder spezielle Weiterbildungen besucht hast. Hierbei nennst du den Zeitraum des Studiums, den Namen der Hochschule, die Bezeichnung des Studiengangs, die Abschlussnote und ggf. thematische Schwerpunkte. In jedem Fall ist es gut, auch das Thema deiner Bachelor-, Master- bzw. Doktorarbeit sowie deren Benotung anzugeben. Sollte einer deiner Professoren eine absolute Koryphäe auf seinem Fachgebiet und sogar dem potenziellen Arbeitgeber bekannt sein, so kannst du guten Gewissens auch dessen Namen nennen.

Diese Aufzählung gilt natürlich auch für die Angaben zu etwaigen Berufsausbildungen, Weiterbildungen und anderen Zusatzqualifikationen. Schreibe alle Angaben chronologisch rückwärts in deine Vita. Das bedeutet, dein letzter Abschluss steht ganz oben und dein frühester Abschluss ganz unten auf dem Papier.

Nicht vergessen solltest du, noch zu erwähnen, an welcher Schule und in welchem Ort du dein Abitur gemacht hast. Führe ebenfalls den Zeitraum und die Benotung an. Wenn die Abiturnote nicht besonders repräsentativ ist, solltest du sie eher weglassen – für den Job zählt letztendlich dein Studium mit seiner Fachrichtung.

Die Angabe deiner Leistungskurse ist zu empfehlen, wenn ein direkter fachlicher Bezug zum Wunschjob zu erkennen ist. Wenn du beispielsweise als studierter Chemiker eine Stelle im Chemiebereich suchst, dann ist es positiv zu erwähnen, dass du bereits in der Schule einen Schwerpunkt auf Chemie gelegt hast. So wird deutlich, dass du früh dein Talent entdeckt, gefördert und kontinuierlich entwickelt hast und somit das Thema Chemie „lebst". Sollte nicht Chemie, sondern vielleicht Sport dein Leistungskurs gewesen sein, so kannst du diese aus Sicht des Lesers redundante Information einfach aussparen. Wenn du aus dem fachfremden Leistungskurs, der in diesem Beispiel eben nicht Chemie ist, dennoch einen Pluspunkt für dich ableiten kannst, so hebe dir entsprechende Argumente lieber für das Vorstellungsgespräch auf. Es kann ja sein, dass du im Sport tolle Leistungen erzielt oder Wettkämpfe gewonnen hast – dann spricht das wiederum für Ehrgeiz, Leistungsfähigkeit und Disziplin, doch hat das erst mal wenig mit Chemie zu tun.

Falls du dein Abitur auf dem zweiten Bildungsweg erworben hast, dann stelle es einfach so dar, wie es ist: Nenne die Schule, auf der du die Sekundarstufe II zu Ende gebracht hast, und in einer neuen Zeile die Schule, an der du das Abitur nachgeholt hast. Sollte dies der Fall sein, dann ist das kein Nachteil für dich! Im Gegenteil – so ein Bildungsweg zeigt, dass du dich entwickeln kannst und willst. Nicht notwendig ist es hingegen, den Besuch der Grundschule in der Vita zu nennen.

Tipp
Fasse dich kurz – zu Beginn der Karriere sollte der Lebenslauf maximal eine Seite umfassen. Nenne aber alle wichtigen Details und Schlagwörter deiner „Stationen", die einen Bezug zur Stelle aufzeigen.

2.3.3 Berufliche Erfahrungen

Nun zählst du deine beruflichen Erfahrungen auf. Auch hier gilt es zu zeigen, was in dir steckt und was du konkret schon in der Praxis erfahren, getan bzw. geleistet hast. Vermutlich haben die meisten Leser dieses Buches noch nicht allzu viele berufliche Stationen gemeistert. Daher gilt es zunächst alles zu sammeln, was im weitesten Sinne als berufliche Erfahrung zu werten sein könnte. Hier einige Beispiele:

- Tätigkeit als Werkstudent
- Praktika während des Studiums
- Projektarbeit während des Studiums
- Forschung während des Studiums
- Praktika während der Schule
- Ehrenamtliche Tätigkeiten
- Freiwilliges soziales Jahr o. ä.
- Aushilfsjob als Schüler
- Außerschulische oder außeruniversitäre Aktivitäten (z. B. Nachhilfe geben, Kinderkurse anleiten)

All diese beruflichen Erfahrungen – vor allem die Aushilfs- oder Schülerjobs – solltest du bitte sorgfältig abwägen und nur dann nennen, wenn diese einen vorteilhaften Bezug zum Wunschjob haben. Die Angabe, dass du in der 11. Klasse mal Zeitungen ausgetragen hast, kannst du dir im Lebenslauf getrost sparen. Wenn du allerdings während des Studiums gekellnert oder einen Call-Center-Job gemacht hast, könntest du daraus Argumente wie Kundenorientierung, Kommunikationsfähigkeit, Menschenkenntnis oder Servicementalität glaubwürdig ableiten, sofern das zur Stellenausschreibung passt.

Noch ein Beispiel dazu: Vielleicht hast du früher einmal in einer Rockband Konzerte gespielt? Nun gilt es abzuwägen, ob du das lieber nicht nennst – es kann ja sein, dass dies missverständlich wirkt und dir unterstellt wird, du wärst ein Partylöwe, der sich die Nächte um die Ohren haut oder Ähnliches. Nun möchtest du aber vielleicht in deiner Bewerbung herausstellen, dass du ausgeprägte soziale Fähigkeiten und Organisationstalent mitbringst – dann wäre es durchaus eine Überlegung wert, das musikalische Talent und Engagement passend zu verwerten. Letztendlich müssen deine Angaben einen Bezug zur Stellenausschreibung vorweisen können. Und dabei darf ruhig ein wenig Kreativität oder „Um-die-Ecke-Denken" eingebracht werden.

Ein weiterer Pluspunkt ist es, wenn du berufliche Tätigkeiten mit einem Nachweis belegen kannst. Ein gut bewertetes Zeugnis über ein Praktikum oder eine andere Tätigkeit ist viel wert. Doch zu dem Thema der Referenzen erfährst du Einzelheiten in Abschn. 2.6.

Wenn du nun alle erwähnenswerten beruflichen Stationen ausgewählt und aufgeführt hast, solltest du diese so konkret wie möglich und zugleich auch so kurz wie möglich weiter ausdifferenzieren. Um den Vergleich fortzuführen, dass ein Lebenslauf das leisten soll, was ein Inhaltsverzeichnis für ein Fachbuch leistet, stelle dir vor, dass die Ausdifferenzierung von Berufserfahrungen wie ein Unterkapitel zu verstehen ist. In diesem gilt es, im Rahmen der Begriffe „Potenzial" und „Substanz" zu zeigen, was genau du schon kannst bzw. wo ein Arbeitgeber bei dir ansetzen kann und auf welcher Grundlage du dich im Rahmen des Jobs weiterentwickeln könntest. Bedenke, dass ein Arbeitsverhältnis eine Art Deal ist: Du erwartest etwas von deiner Arbeit – aber der Arbeitgeber erwartet auch etwas von dir! Es geht ganz klar um eine Art Nutzen, den du einem Unternehmen mit deiner Bewerbung und Arbeitskraft anbietest. Daher machst du es einem potenziellen Unternehmen leicht, sich für dich zu interessieren, wenn du in deinem Lebenslauf anhand von Beispielen zeigst, welche Aufgaben genau du im jeweiligen Job hattest. So lassen sich deine Erfahrungen schneller aufnehmen und auf das Stellenprofil abgleichen – der Leser kann sich ein genaues Bild von dir und deinem „Nutzen" machen. Wie bereits angedeutet, weist der Bewerbungsprozess Parallelen zu einem Verkaufsprozess auf. So unangenehm sich das auch anhören mag, umso hilfreicher ist es, diesen Gedanken zu verstehen und zu beherzigen.

Beim Nennen von Arbeitsbeispielen gilt das KISS-Prinzip: Keep It Short and Simple. Wenn du mit einer berufsrelevanten oder qualifizierten Tätigkeit – vielleicht als Werkstudent – punkten kannst, dann lasse anderweitige Tätigkeiten mit nichtrelevanten Inhalten wie z. B. ein Ehrenamt im Sportverein oder die Leitung der Kinder-Tanz-AG an dieser Stelle lieber weg. Es gibt dann später noch die Möglichkeit, deine diesbezüglichen Erfahrungen und Fähigkeiten in einem guten Licht darzustellen.

Positive Beispiele – welche kannst du hier nennen? Wenn du einen wissenschaftlichen Job anstrebst, ist es ratsam, qualifizierte Praxiserfahrungen zu nennen. Bestimmt hast du an deiner Uni irgendwann einmal an einer Projektarbeit, an einer Forschung oder an etwas Ähnlichem teilgenommen – also an irgendetwas, das nicht Theorie, sondern Praxis bedeutet. Dann führe das auch deutlich auf und lasse diese wichtige Information nicht untergehen. Vielleicht hattest du sogar einen spannenden Schülerjob und hast als Aushilfe in einer Apotheke, in einem Labor oder einem Krankenhaus gejobbt – wenn die Tätigkeit eine Schnittmenge mit dem avisierten Job hat, kannst du dies als berufliche Erfahrung werten.

Wenn du vielleicht eher einen Job im Management anstrebst, dann denke nach, wann und wo du gut organisiert hast. Natürlich ist damit nicht eine private Geburtstagsfeier gemeint. Aber vielleicht hast du mitgeholfen, Events für deinen Sportverein auf die Beine zu stellen; oder vielleicht hast du in der Firma eines Verwandten Einblicke ins Management bekommen, weil du dort ein Praktikum oder einen Ferienjob gemacht hast.

Denke also wirklich gut nach, was als berufliche Erfahrung gewertet werden kann. Dies ist eben besonders für den ersten „richtigen" Job wichtig. Wenn du irgendwann deine zweite oder dritte Stelle anstrebst, zählen andere Faktoren in deiner Bewerbung. Meist ist das dann der unmittelbar zuletzt gemachte Job. Praktika und Uniprojekte rücken immer weiter in den Hintergrund.

Sollten hingegen Berufserfahrungen in deinem Lebenslauf enthalten sein, die direkt deinem Studienfach zuzuordnen sind, so solltest du diese selbstredend mit aufführen. Nenne dabei ebenfalls stichwortartig konkrete Arbeitsaufgaben, Projektbeispiele, erreichte Ergebnisse usw., die du in diesem Job realisiert hast.

Ebenso zählt eine vorangegangene Berufsausbildung zu den erwähnenswerten Punkten in einem Lebenslauf. Es kommt beispielsweise bei Medizinern gelegentlich vor, dass vor dem Medizinstudium eine anderweitige medizinische Ausbildung absolviert wurde; auch manche Betriebswirte haben zuvor eine kaufmännische Ausbildung und einige Ingenieure zuvor eine technische Ausbildung gemacht. Aber selbst wenn eine Ausbildung in einem ganz anderen Metier absolviert wurde, sollte sie genannt werden. Denn erstens würde ansonsten eine zeitliche Lücke im Lebenslauf viele unnötige Fragen aufwerfen, und zweitens spricht eine Ausbildung für eine ganz bestimmte Erfahrung und Kompetenz, nämlich dass man die internen Gepflogenheiten in einem Betrieb schon einmal kennengelernt hat: die Art und Weise mit Führungskräften umzugehen sowie Teil eines Teams zu sein, das fern der universitären Theorie und Forschung reale, praktische Ergebnisse abliefern muss.

Alle Angaben werden dann mit der entsprechenden Dauer genannt. Die Aufführung von Monat und Jahr reicht dabei vollkommen aus.

Für den Fall, dass du über keinerlei verwertbare berufliche Erfahrungen verfügst, sei am Rande erwähnt, dass ein Praktikum oder ein studienbezogener Job noch während des Studiums in Erwägung gezogen werden sollte. Denn für die meisten Arbeitgeber zählt neben der theoretisch-fachlichen Qualifikation auch direkt nach dem Studium schon ein wenig Praxiserfahrung.

> **Tipp**
> Hilf dem Leser deiner Bewerbung, dein Potenzial und deine Substanz schnell zu verstehen sowie die Passung zur freien Stelle direkt zu erkennen. Zeige beispielhaft anhand von konkret benannten Aufgaben und Arbeitsbereichen, womit du dich in der Praxis schon auseinandergesetzt hast. Fasse dich dabei kurz und nenne nur relevante Begriffe.

2.3.4 Sonstige Kompetenzen

Abschließend solltest du dem potenziellen Arbeitgeber noch etwas mehr über deine allgemeinen Kompetenzen wissen lassen – das ist sozusagen das letzte Kapitel des Inhaltsverzeichnisses. Mit dem Begriff der allgemeinen Kompetenzen ist gemeint, was du im Grunde im Alltag und auch fachübergreifend kannst bzw. welche weiteren Fähigkeiten dein persönliches Profil abrunden. Die typische Auflistung dieser Fähigkeiten wird im Folgenden aufgezeigt.

Sprachkenntnisse

Zähle die Sprachen auf, die du tatsächlich beherrschst, und gib auch an, wie gut du diese sprichst. Beginne mit der Muttersprache und nenne dann – sofern vorhanden – mit absteigendem Niveau noch andere Sprachen. Das Niveau wird mit diesen Abstufungen gekennzeichnet:

- Muttersprache
- Muttersprachliches Niveau
- Verhandlungssicher in Wort und Schrift
- Fließend
- Fortgeschritten
- Erweiterte Grundkenntnisse
- Grundkenntnisse

Du musst dabei nicht zwingend, aber doch sinngemäß diese Begriffe verwenden. Manche Bewerber geben ihre Sprachkenntnisse lieber anhand des GER (Gemeinsamer Europäischer Referenzrahmen für Sprachen) an. Es ist dir ganz ohne zu erwartenden Nachteil freigestellt, entweder Begriffe oder die GER-Bezeichnungen A1, B2, C1 etc. zu wählen. Wenn du nicht sicher bist, wie du deine Kenntnisse einer Fremdsprache einstufen sollst, orientiere dich einfach an der GER-Website. Dort ist eine Übersicht zu finden, die erklärt, welche Kenntnisse zu welchem Niveau gehören.

PC-Kenntnisse

Dass die Digitalisierung in vielen Branchen und Bereichen bereits Einzug gehalten hat, muss hier nicht weiter erwähnt werden. Und es ist des Weiteren klar abzusehen, dass bei der Digitalisierung so schnell kein Ende abzusehen ist. Zahlreiche Berufsbilder ändern sich, weil immer häufiger Software die eigentliche Denkarbeit übernimmt. Zudem existieren kaum noch qualifizierte Arbeitsstellen, die ohne fortgeschrittene Softwarenutzung denkbar wären. Zum Beispiel behauptet so mancher Ingenieur, dass im Studium zu viel Theorie gelehrt wurde und das Lernziel – die Beherrschung der eigentlichen Ingenieurtätigkeit – viel schneller hätte erreicht werden können, wenn man direkt im Seminar diejenige Software erlernt hätte, die man später im Job fast ausschließlich benutzt. Schnell gerät dann in den ersten Berufsjahren das mühsam erworbene theoretische Wissen mehr und mehr in Vergessenheit, und dafür zählen vielmehr praxisorientierte Softwarefortbildungen.

Jede Branche hat ihre eigenen Programme, die beherrscht werden sollten. Was für den Grafiker vielleicht InDesign ist, nennt sich für den Logistiker SAP und für den Ingenieur AutoCAD usw. Kein Arbeitgeber erwartet von einem Absolventen, dass alle branchenrelevanten Programme beherrscht werden. Dennoch ist es unabdingbar, dass man eine grundsätzliche digitale Kompetenz vorweisen und darüber hinaus auch die klassischen Office-Programme sicher nutzen kann. Noch besser ist es, wenn tatsächlich relevante Grundkenntnisse – oder sogar noch mehr – in der Anwendung einer Software vorhanden sind, die auch im Job genutzt wird. Die Stellenausschreibung informiert in aller Regel darüber, welche EDV-Kompetenzen sich der Arbeitgeber vom Bewerber wünscht. Liste daher alle Programme auf, die du kannst, und gib an, wie gut. Die Spanne ist enger als bei den Sprachniveaus und reicht von Grundkenntnissen über fortgeschritten bis hin zu professionellen Anwenderkenntnissen.

Solltest du nicht oder nur teilweise über die in der Stellenausschreibung geforderten Kenntnisse verfügen, so ist das noch lange kein Grund, sich nicht zu bewerben. In Abschn. 26.3 erhältst du Hinweise darauf, wie du Stellenausschreibungen interpretierst und ob sie in deinen Zielfokus passen.

Führerschein
Gib bitte standardmäßig an, ob du über einen Führschein verfügst. Wenn du keinen Führerschein hast, ist das zunächst nicht weiter schlimm, du solltest aber eine Angabe darüber machen. Es versteht sich von selbst, dass du einen Führerschein haben solltest, wenn dies in der Stellenausschreibung gefordert ist. Solltest du dich momentan in der Fahrschule befinden, dann gib einfach den Monat an, in dem voraussichtlich deine Prüfung stattfinden wird.

In seltenen Fällen können die Kosten für die Fahrschule von der Arbeitsagentur oder dem Jobcenter übernommen werden. Über eine Kostenübernahme entscheidet in jedem Fall ein zuständiger Sachbearbeiter. Zwei Punkte sind jedoch eine Voraussetzung dafür: Du darfst noch nicht in der Fahrschule angemeldet sein, und du musst ein Schreiben eines Arbeitgebers vorlegen, das besagt, dass du einen Arbeitsvertrag erhältst, sobald du einen Führerschein besitzt. Dieses Schreiben ist jedoch nicht bindend – es muss nur vorliegen und seriös sein. Das bedeutet strenggenommen, dass du dir im Zweifel von einem selbstständigen Verwandten ein entsprechendes Formular ausstellen lassen könntest – doch bedenke: Ehrlich währt am längsten.

Besondere Erfahrungen und Fähigkeiten
Wenn du über Fähigkeiten und Erfahrungen verfügst, die weiter oben im Lebenslauf innerhalb der Abschnitte Studium und Bildung bzw. berufliche Erfahrungen sinngemäß nicht richtig passen und doch genannt werden sollten, so kannst du das nun an dieser Stelle angeben. Denke daran, dass du mit deinem Lebenslauf dein Profil schnell verdeutlichen möchtest und die Begriffe „Substanz" und „Potenzial" dabei im Fokus stehen. Vielleicht hast du eine Kindertanzgruppe geleitet, in deinem Sport eine Auszeichnung erhalten, einen Schülerwettbewerb gewonnen, Nachhilfe in Mathe erteilt oder in einem Ehrenamt wertvolle Erfahrungen erworben? Solche Referenzen können das Zünglein an der Waage sein, sodass sich im Zweifel ein Arbeitgeber eher für dich entscheidet als für den direkt vergleichbaren Mitbewerber, der kein adäquates Engagement vorweisen kann.

Auf jeden Fall solltest du Vortrags- oder Autorentätigkeiten nennen, sofern diese in deiner Vita vorhanden sind. Fasse dich bei Bewerbungen in Wirtschaftsunternehmen an dieser Stelle kurz. Solltest du einen Job im wissenschaftlichen Bereich oder in Forschung und Lehre anstreben, so kannst du für Vortrags- oder Autorentätigkeiten sogar eine ganz eigene Seite gestalten, die dann auch nur dafür gedacht ist.

Hobbys

Die Angabe eines Hobbys kann dein Profil ebenfalls interessant abrunden und Talente andeuten, die vielleicht auch für den Job nützlich sein können. Die Entscheidung, ob du Hobbys nennen sollst oder nicht, steht unter den beiden Maßgaben, dass dein Lebenslauf auf eine Seite passt und ob dich deine Hobbys für den potenziellen Arbeitgeber wirklich interessanter machen. Hobbys wie Lesen, Kino, Fitness, Konzertbesuche und Freunde treffen sind vielleicht ein Teil deiner Persönlichkeit, aber für den Arbeitgeber ist das eine völlig überflüssige Information, die dich weder interessanter macht, noch versteckte Potenziale andeutet. Passender wäre es beispielsweise, wenn du als angehender Meeresbiologe das Hobby Aquaristik angibst. Oder, für den Fall, dass der zukünftige Vorgesetzte passionierter Golfer oder Tennisspieler ist, du dich passend als Golfer oder Tennisspieler outest.

Persönliche Kompetenzen

Sollte in deiner Vita noch eine Zeile verfügbar sein, so kannst du noch einige deiner wesentlichen Charaktermerkmale angeben. Im sog. Kompetenzprofil nennst du drei bis maximal fünf deiner Wesenszüge – und beschränkst dich dabei bitte auf diejenigen, die für einen Arbeitgeber wichtig sein könnten, beispielsweise Teamfähigkeit, Kreativität und Zielstrebigkeit. Achte darauf, dass es nicht zu geschwollen klingt und nicht eins zu eins aus der Stellenausschreibung abgeschrieben ist, wenn dort „Sie sind teamfähig, kreativ und zielstrebig" gefordert wird.

Wenn deine Vita keinen Platz mehr für diese Kompetenzauflistung zulässt oder wenn du dich nicht auf drei bis fünf Merkmale beschränken möchtest, dann kannst du diese persönlichen Kompetenzen auch an einer anderen Stelle etwas ausführlicher nennen. In Abschn. 2.5 erfährst du, wie das geht.

> **Tipp**
> Achte bei der Angabe sonstiger Kompetenzen genau auf die in der Stellenausschreibung geforderten Qualifikationen. Wähle sorgfältig aus, was in deinem Lebenslauf einen Bezug zur Stelle hat und was nicht. Denke dabei wie ein Verkäufer, der einen Kunden für ein Produkt überzeugen möchte, und frage dich: Welche Kompetenzen und Erfahrungen erhöhen meine Chance, weil der Kunde einen Nutzen für sich darin erkennen kann?

2.3.5 Allgemeine Tipps zum Lebenslauf

Denke bitte bei der Gestaltung deiner Vita immer daran, dein Potenzial und deine Substanz schnell zugänglich darzustellen. Alles muss logisch strukturiert sein, aufgeräumt wirken und fehlerfrei sein! Ob du dieses Dokument deiner Bewerbung nun Lebenslauf, Resümee, Curriculum Vitae oder einfach nur Vita nennst, spielt kaum eine Rolle. Wenn du einen Job im akademischen Bereich suchst, macht es vielleicht einen kleinen, positiven Unterschied, die Variante „Curriculum Vitae" zu verwenden.

Versuche zwingend, deinen Lebenslauf auf einer Seite darzustellen! Es geht dem Adressaten, der höchstwahrscheinlich viele Bewerbungen prüfen muss und wenig Zeit hat, darum, schnell zu sehen, was du gelernt hast und welche Erfahrungen du mitbringst – „Potenzial" und „Substanz" sind, sicherheitshalber nochmal gesagt, die Zauberwörter für einen gut gemachten Lebenslauf. Viele Personaler prüfen zuallererst nur den Lebenslauf, bevor sie entscheiden weiterzulesen. Wenn du nach einiger Zeit zwei oder drei Jobs mehr in deinem Lebenslauf oder noch eine Weiterbildung vorweisen kannst, brauchst du selbstredend mehr Platz. Dann erst solltest du das Dokument auf zwei oder entsprechend mehrere Seiten ausweiten.

So wie auch ein gutes Fachbuch zielgruppengerecht geschrieben ist, sollte sich dein Lebenslauf an der Lesegewohnheit des Adressaten orientieren. Du musst davon ausgehen, dass Personaler und Recruiter deine Unterlagen zuerst sichten und daraufhin entscheiden, ob der künftige Vorgesetzte von deiner Bewerbung erfährt. Diese Mitarbeiter treffen eine Vorauswahl an Bewerbern und leiten – meist in kurzen Exposés zusammengefasst – nur die Bewerbungen an Führungskräfte weiter, welche die höchste Passung zum Stellenprofil aufweisen. Daher sollte sich dein Profil dem Leser schnell erschließen, viele Bezüge zur Ausschreibung haben sowie stets Substanz und Potenzial deiner Person rüberbringen – ohne mit Fachbegriffen überlastet zu sein.

Nur in kleineren Unternehmen lesen die Entscheider persönlich Bewerbungen zuerst, um daraufhin eine Vorauswahl für die anstehenden Bewerbungsgespräche zu treffen. Wenn in der Stellenausschreibung als Ansprechpartner nicht ein Human-Resource-Mitarbeiter, sondern der direkte Geschäftsführer oder sogar ein Facharbeiter genannt sind, kannst du stellenweise mehr Fachbegriffe einfließen lassen und auch auf die in Abschn. 2.3.3 genannten Berufserfahrungen etwas ausführlicher eingehen. Dies entspricht ebenfalls dem Gedanken der Zielgruppenfokussierung. Wenn du z. B. als Chemiker eine Bewerbung an einen Personaler sendest, liest dieser sozusagen fachfremde Adressat etwas anderes aus deinen Unterlagen heraus, als wenn ein Chemiker die Bewerbung zuerst lesen und darüber entscheiden würde.

Was ist aber, wenn dein Lebenslauf bereits in jungen Jahren eher einem zusammengeschusterten Flickenteppich gleicht als einem stringenten, roten Faden? Du hast vielleicht lange vor dem Studienabschluss ein oder zwei Studiengänge angefangen und abgebrochen, warst nach dem Abi sechs Monate orientierungslos im „Hotel Mutti" zuhause und hast sogar hier und da eine mehrmonatige Reise unternommen? Die Regelstudienzeit hast du deutlich überschritten, weil du jobben musstest oder eine Pause benötigt hast?

Möglicherweise denkst du, dass du dich mit so einer Vita nicht ernsthaft und guten Gewissens einem Arbeitgeber vorstellen darfst? Kein Problem! Auch wenn dir Familienmitglieder, Freunde oder Internetquellen raten, bei beruflichen Schritten und Entscheidungen immer den roten Faden im Auge zu behalten, so kannst du dich getrost entspannen. Niemand – auch kein Arbeitgeber – erwartet, dass du im Alter von 18 oder 19 Jahren in der Lage bist, Entscheidungen zu treffen, die für die nächsten 40 oder mehr Jahre tragfähig sind.

In der Schule wird bei Weitem nicht ausreichend Berufskunde vermittelt und zu wenig Orientierungshilfe geleistet. Doch ständig entstehen neue Berufsbilder, und bestehende Branchen sowie Ausbildungswege ändern sich so schnell, dass selbst professionelle Berufsberater nicht alle Entwicklungen just in time überblicken können. Wie sollst du dann so jung dieses Defizit ausfüllen können? Auch Freunde, Verwandte und Eltern sind an dieser Stelle häufig überfordert, überschauen diesen *information overload* nicht ganz und agieren daher nicht immer als gute Berater. Viele Menschen entscheiden sich nach der Schule für den nächstbesten Weg, der sich kurzfristig ergab, oder für etwas, das dann doch nicht so ganz zu den eigenen Vorstellungen, Erwartungen oder Talenten passte. Daher ist es genauso ein gutes Argument für dich, wenn deine Vita nicht das Bild des roten Fadens bedient. Du kannst ganz einfach verdeutlichen, dass ein Abbruch nicht aus Demotivation geschah oder eine Orientierungsphase nicht einer vermeintlichen Faulheit geschuldet war, denn:

- Du erkennst, was du nicht kannst und wo stattdessen deine wirklichen Potenziale liegen.
- Du triffst bewusste Entscheidungen und übernimmst die Verantwortung dafür.
- Du stehst zu einem Fehler und korrigierst diesen durch zielstrebige Handlungen.
- Du hast eine Zusatzerfahrung, die dich hat reifen lassen und einen Blick über den metaphorischen Tellerrand ermöglichte.
- Du kannst dir eine bewusste und zugleich ergebnisorientierte Auszeit nehmen, anstatt deine Gesundheit durch blinden Aktionismus zu gefährden.

Wie du siehst, kannst du dadurch in den Bereichen Selbstführung und Entscheidungsfreude punkten. Bleibe daher stets selbstbewusst und lasse dich nicht beirren, wenn irgendjemand sagt, dass deine Vita eher für Chaos als Stringenz spricht.

Wenn deine Vita tatsächlich viele Lücken aufweist, dann sollte für den Leser klar erkennbar sein, in welchem Zeitraum diese Lücke war und was du in dieser Phase gemacht hast. Mit Lücke ist zunächst ein Zeitraum gemeint, in dem du nicht studiert oder gearbeitet hast. So ist es überhaupt kein Problem, wenn du einen Zeitraum, in dem du tatsächlich nichts getan hast – oder vielleicht nur einen Studentenjob hattest –, über mehrere Monate als „Orientierungsphase" bezeichnest. Auch eine Reise kann bedenkenlos angegeben werden, weil das schließlich als internationale Erfahrung ausgelegt werden kann.

Wie ist es aber, wenn du vielleicht krankheitsbedingt zwei oder drei Monate aus allem raus warst? Das musst du nicht nennen, denn du warst höchstwahrscheinlich während dieser Phase an der Uni eingeschrieben – also fällt niemandem auf, dass du nicht an der Uni warst, sondern andere Prioritäten hattest.

Und wie stellst du es dar, wenn du nach drei Semestern ein Studium abgebrochen, dann ein Semester pausiert und erst danach wieder ein Studium angefangen und zu Ende geführt hast? Nun hast du zwei Möglichkeiten: Erstens stellst du es genau so dar, wie es war. Die freie Zeit heißt auch dann wieder „Orientierungsphase". Zweitens könntest du in deinem Lebenslauf auch einfach angeben, dass du ein Semester länger an der Uni warst – also vier Semester bis zum Abbruch. Bitte verstehe das nicht so, dass dies hier eine Einladung zum Lügen ist – doch diese zweite Variante kann dann eine Alternative sein, wenn noch weitere Lücken oder Umbrüche vorhanden sind, die es elegant zu kaschieren gilt.

Es gibt natürlich auch Fälle, in denen die Regelstudienzeit auffällig um mehrere Semester überschritten wurde. Hier ist es zunächst wichtig, ganz offen und ehrlich den realen Zeitraum anzugeben, den du offiziell an der Uni verbracht hast bzw. eingeschrieben warst. Nun kommt es zunächst darauf an, die tatsächlichen Gründe für diese lange Zeit zu betrachten. In manchen Studiengängen ist eine gewisse Überschreitung eher gewöhnlich, und es wird kaum einen Arbeitgeber wirklich interessieren, warum du so lange für das Studium gebraucht hast. Sollte eine Promotion für die lange Studiendauer verantwortlich sein, so ist das natürlich ein Pluspunkt. Gib dann einfach zwei Zeiträume an: einen für das reguläre Studium und einen für die Promotion.

Vielleicht waren aber eine gesundheits- bzw. familienbedingte Auszeit oder sogar tatsächlich Überforderung bzw. auch Faulheit der wahre Grund? Diese solltest du im Lebenslauf nicht benennen und an dieser Stelle keinen Grund angeben. Wenn im Vorstellungsgespräch jemand explizit nach der Zeitüberschreitung fragt, dann gib – obwohl ein unschöner Grund vorliegt – einfach ausweichend Finanzierungsprobleme an, denn diese sind nichts, wovor man sich verstecken müsste. Es sei denn, du möchtest den wahren Grund nennen – so tu das auch und stehe authentisch dazu! Ausführliche Tipps zum Vorstellungsgespräch erhältst du in Teil II.

Gehören Datum und Unterschrift ans Ende des Lebenslaufs? Nein – das ist schlicht out und redundant. Es versteht sich von selbst, dass du ein aktuelles Profil von dir zeigst. Zudem sparst du dadurch eine bis zwei Zeilen Platz.

> **Tipp**
> Vermeide, dass vor dem geistigen Auge Lesers Fragezeichen entstehen, weil Angaben unklar sind oder nicht transparent wirken.

2.4   Anschreiben

Das Anschreiben ist im direkten Vergleich zum guten Fachbuch der eigentliche Text – das, was ein Buch letztendlich ausmacht und vielleicht die Grundlage für eine positive Rezension sein könnte. Damit muss es für den Leser eine Funktion erfüllen, nämlich dass er bekommt, wonach er gesucht hat. Wie ein Leser eines Buches hat auch der Leser einer Bewerbung ein ganz bestimmtes Lesebedürfnis. Als Autor einer Bewerbung hast du gegenüber dem Buchautor jedoch einen entscheidenden Vorteil: Weil du die Stellenausschreibung gelesen hast, kennst du die Bedürfnisse des unbekannten Lesers ziemlich genau. Biete ihm daher das an, was er erwartet hat.

Wenn sich der Recruiter bis zu deinem Anschreiben vorgearbeitet hat, kannst du davon ausgehen, dass Deckblatt, Foto und Vita schon mal einen ersten „Kaufimpuls" ausgelöst haben. Dieser Kaufimpuls bedeutet eben, dass nun auch das Anschreiben gelesen wird. Wenn das wiederum zu den Erwartungen des Lesers passt, löst du einen zweiten Kaufimpuls aus – die Einladung zum Vorstellungsgespräch. Hinweise zur Vorbereitung des Vorstellungsgesprächs findest du in Teil II.

Für dein Anschreiben gibt es eigentlich nur einen zentralen Tipp, auf den du dementsprechend am meisten achten solltest: die Passung!

Zeige deinem zukünftigen Arbeitgeber, dass genau du am besten zu der Vakanz passt. Alle Argumente – Qualifikationen und Erfahrungen – gilt es, nicht nur grundsätzlich darzustellen, sondern darüber hinaus musst du noch ein Matching zur Stelle verdeutlichen.

Um die Passung zum Zieljob bestmöglich zu verdeutlichen, musst du die Stellenausschreibung genau lesen und letztendlich dein eigenes Profil gut kennen. In Abschn. 26.3 erhältst du einige Tipps, wie du Stellenausschreibungen am besten verstehen kannst, und in Abschn. 26.1 die Möglichkeit, dein eigenes Profil zu analysieren.

Zunächst erfährst du, was es grundsätzlich beim Aufbau eines Anschreibens zu beachten gilt. Danach bekommst du einige Tipps, wie du deine Passung am besten verdeutlichen kannst.

Folgende Struktur sollte dein Anschreiben aufweisen:

- Korrekte formale Gestaltung
- Prägnanter erster Satz (Abschn. 2.4.3)
- Erfahrung und Qualifikation
- Aktuelle Tätigkeit
- Verfügbarkeit
- Gegebenenfalls Gehaltsvorstellung
- Grußformel und Unterschrift

Die korrekte formale Gestaltung erklärt sich durch die dir schon bekannten Maximen der Übersichtlichkeit und Fehlerfreiheit. Das Anschreiben ist formal ähnlich einem Geschäftsbrief gestaltet. Deine Kontaktdaten gehören nach oben, z. B. in eine Kopfzeile. Und die Anschrift des Unternehmens kommt im Grunde dorthin, wo sie durch das Fenster eines Briefumschlags lesbar wäre – das ist der gute Ton, und dieser gilt auch immer noch für die Bewerbung per Onlineversand. Zudem nennst du den Betreff „Bewerbung auf die Stelle als…" sowie das aktuelle Datum. Du solltest zudem darauf achten, eine klar oder modern wirkende Schriftart auszuwählen und nicht einfach nur die voreingestellte Schrift deines Textverarbeitungsprogramms zu benutzen. Diese Schriftart sollte dann auch im Lebenslauf bzw. in den anderen Dokumenten verwendet werden. Achte außerdem darauf, dass der Zeilenabstand nicht zu gedrungen wirkt und der Rand nicht zu schmal bleibt.

Natürlich kannst du auch ein Designelement einfügen. Es existieren zahlreiche Vorlagen, die man kostenlos aus dem Internet downloaden kann. Bitte nutze diese Vorlagen nicht, sondern lass dich durch sie zu einem eigenen Design inspirieren.

Denn erstens sind diese Vorlagen selten gut zu formatieren, sodass du vielleicht nicht auf einer Seite bleiben kannst. Und zweitens ist es für den Arbeitgeber doch etwas auffällig, wenn vielleicht 24 von 73 Bewerbungen dasselbe Design haben.

Genau wie der Lebenslauf sollte auch das Anschreiben den Umfang von einer Seite nicht überschreiten. Das kann sich nach einigen Berufsjahren, Jobwechsel und Fortbildungen ändern, aber bis dahin hast du wahrscheinlich noch etwas Zeit. Der Text als solcher nimmt ca. 60–80 % der ganzen Seite ein, und die anderen 40–20 % werden für Kontaktdaten, Betreff und Datum verwendet.

Zwei Dinge hingegen solltest du im Anschreiben tunlichst unterlassen:

1. Vermeide eine neutrale Rhetorik. Sätze wie „Hiermit bewerbe ich mich um die Stelle als…", „Gerne möchte ich mich auf die sehr interessante Stelle bewerben…" oder „Mit großem Interesse wurde ich auf diese Stelle aufmerksam" sind zwar weder sprachlich noch inhaltlich falsch, aber es klingt nicht zielgruppengerecht. Wie schon erwähnt haben Personaler etliche Bewerbungen gelesen – und darunter sind zu viele in dieser „langweiligen" Rhetorik geschrieben, wobei sofort erkennbar wird, dass sie von einer Mustervorlage aus dem Internet abgekupfert sind und es dem Bewerber an einer eigenen Aussage fehlt. Tipps zum Thema Rhetorik findest du in Abschn. 2.4.2.
2. Das Anschreiben darf keinesfalls eine schriftliche Zusammenfassung des Lebenslaufes sein. Der Lebenslauf steht auf einer eigenen Seite und spricht für sich. Zudem hat er eine andere Funktion als das Anschreiben. Das Anschreiben dreht sich um den Begriff der Passung – und sollte natürlich, wie die anderen Bestandteile auch, Sympathie und Kompetenz vermitteln.

> **Tipp**
> Stelle die Passung – die engste Schnittmenge zwischen deinem Profil und dem Job – in den Mittelpunkt deines Anschreibens. Das erhöht die Chance auf eine Einladung zum persönlichen Gespräch deutlich.

2.4.1 Passung und Keywords

Nun geht es um den zentralen Tipp für dein Anschreiben: Wie verdeutlichst du die Passung? Wie schon erwähnt spielen bei der Verdeutlichung deiner Passung zwei Dinge eine wesentliche Rolle – denn es geht um die Schnittmenge zwischen dir und dem Unternehmen:

1. Verstehe die Stellenausschreibung
2. Kenne dein Profil

Die Passung erhöht deine Chancen deutlich. Denn gute Bewerber gibt es in ausreichender Menge mit Sicherheit für jede Stelle. Aber der eine, der am besten passt, ist dann doch selten – vorausgesetzt, er hat sich passend beworben. Online-Stellenportale haben seit wenigen Jahren eine „Sofort-Bewerben-Funktion" implementiert. Das bedeutet, dass man mit nur einem Klick vorab gespeicherte Dateien an das suchende Unternehmen senden kann. Die Konsequenz ist, dass der Versand einer Bewerbung zu einem Stück Massenkultur geworden ist. Wenn es so leicht gemacht wird, seine Unterlagen zu versenden, dann wird das auch genutzt. Seitdem es diese Funktion gibt, ist die Anzahl der Bewerber in die Höhe geschossen. Und das wiederum hat zur Folge, dass Bewerber einmal ein Musteranschreiben erstellen und dieses für die verschiedensten Stellenprofile immer wieder aufs Neue verwenden bzw. versenden. Es sollte daher einleuchten, dass nicht Masse oder „das gute Anschreiben an sich" zum Erfolg führt, sondern dass es um das Prinzip der Passung geht.

Um diese Passung herzustellen, lies dir die Stellenausschreibung ruhig mehrmals durch – am besten sehr aufmerksam. Du wirst dann feststellen, dass in fast jeder Ausschreibung ein kurzes Unternehmensprofil, die künftigen Aufgaben des Stelleninhabers sowie die Erwartungen in puncto Qualifikation und Erfahrung an den Bewerber genannt sind. Drucke die Ausschreibung aus oder kopiere sie in ein Textdokument. Markiere dann gut sichtbar die wichtigsten Begriffe, die darin genannt sind. Dies sind die sog. Keywords – der passende Schlüssel zum Schloss. Versuche dein Anschreiben nun so zu gestalten, dass deine Qualifikationen und Erfahrungen einen direkten Bezug zu den Keywords aufgreifen.

Wenn eine Ausschreibung beispielsweise fordert „Sie sind Ingenieur und haben erste Erfahrung im Projektmanagement", dann geht es nicht darum, deine gesamten beruflichen Erfahrungen aufzulisten, auch wenn diese noch so interessant sein mögen, sondern konkret eine exemplarische Erfahrung im Projektmanagement zu benennen. Wenn das auch noch einen Bezug zu dem in der Ausschreibung dargestellten Unternehmensprofil hat, wäre das umso besser. Auch Weiterbildungen können im Anschreiben jetzt erst mal außen vor bleiben – denn es geht an dieser Stelle nur um die Berufsbezeichnung des Ingenieurs.

Ein anderes Beispiel: Vielleicht lässt das Unternehmensprofil des Zieljobs erkennen, dass es in einer Branche tätig ist, die du kennst? Dann nimm in deinem Anschreiben genau darauf Bezug und erwähne mit einer einleuchtenden Begründung, wie bzw. warum du dich in der Branche schon auskennst.

Und noch ein Beispiel: Wenn die genannten Aufgaben des künftigen Stelleninhabers sich mit Aufgaben decken, die du zum Teil schon mal gemacht hast, dann bringe ein Beispiel. Der Passus „Sie beherrschen das Programm SAP sicher" ist nicht die Bedingung, ein langjährig geschulter SAP-Fachmann zu sein, sondern nur der Hinweis, eine kleine SAP-Erfahrung durchblitzen zu lassen.

Achte darauf, dass du möglichst zu vielen, wenn nicht sogar zu allen Keywords einen Bezug im Anschreiben herstellen kannst. Vermeide aber ein plumpes Kopieren der Anforderungen: „Sie sind teamfähig und zielstrebig" bedeutet nicht, dass du „Ich bin teamfähig und zielstrebig" schreibst. Du darfst schon ein wenig profilierter zeigen, was in diesem Fall Teamfähigkeit und Zielstrebigkeit für dich bedeuten bzw. wie du das lebst. Vielleicht hast du mal in einem Unternehmen gearbeitet, in dem dein zugehöriges Team sehr groß war oder mit anderen

Abteilungen kommunizieren musste, oder du hast trotz einiger Widerstände ein anstrengendes Ziel erreicht? Dann schreibe das auch bitte so, anstatt nur Floskeln zu bringen bzw. zu kopieren.

Wenn die markierten Keywords eher wenig mit deinem Profil zu tun haben, wird es schwierig, eine Passung zu verdeutlichen. Dann kann der Job noch so spannend und dein Profil noch so qualifiziert sein – der Job wird höchstwahrscheinlich an jemand anderes vergeben. Als Faustformel gilt, dass dein Profil eine Schnittmenge von mindestens 60 % zur Stellenausschreibung bzw. zu den Keywords vorweisen sollte, damit die Bewerbung nicht von vornherein vergebens ist. Um in die engere Wahl gezogen bzw. zum Vorstellungsgespräch eingeladen zu werden, sollte diese Schnittmenge bei 70–80 % liegen. Es wird eher ganz selten vorkommen, dass ein Bewerber eine 100 %ige Schnittmenge mitbringt.

Die Passung ist sozusagen ein doppelter Filter: Einerseits erkennst du anhand der Keywords, was dem Unternehmen wirklich wichtig ist, und andererseits rückst du dein Profil individualisiert in den Mittelpunkt des Anschreibens. Das ermöglicht es dir und auch dem Unternehmen, schnell zu beurteilen, ob ihr zusammenpasst.

So vorzugehen, bringt vor allem zwei Konsequenzen mit sich: Du wirst erstens in aller Regel mehrere, individuelle Anschreiben erstellen und somit auch mehr Arbeit haben als jemand, der sich mit einem einmalig erstellten Anschreiben auf unterschiedliche Jobs bewirbt. Zweitens wirst du in der Gesamtzahl vielleicht weniger passende Stellen entdecken, doch dafür aber die „Trefferquote" deutlich erhöhen.

Tipp
Analysiere die Keywords einer Stellenausschreibung und passe dein Anschreiben daraufhin an. Folgender Leitgedanke hilft dir, das Anschreiben zu formulieren: „Ich bin der Beste für diesen Job, weil…"
Finde nun dein am allerbesten passendes Argument. Dieses Argument solltest du unbedingt nennen, z. B. direkt im ersten Satz oder am Ende des Anschreibens.

2.4.2 Rhetorik und Sprachstil: Nicht Epipher oder Periphrase, sondern Elevator Pitch

Bei dem Begriff „Rhetorik" entstehen bei vielen Menschen zunächst Assoziationen zu den großen antiken Rednern wie Cicero oder Perikles, zu aktuellen Politikern sowie zu Stilmitteln wie der Alliteration oder der Tautologie. Mit all dem hat deine schriftliche Bewerbung zum Glück erst mal nichts zu tun – es sei denn, du möchtest dich gezielt als versierter Literaturkünstler bewerben. Dennoch gilt es, einen Sprachstil zu finden, der rhetorisch zum Kontext passt und professionell wirkt.

Bei Ratlosigkeit wird dann schnell nach Musteranschreiben im Internet recherchiert. Die Trefferquote ist hoch – auch bezüglich kostenloser Vorlagen und Beispiele. Dennoch ist grundsätzlich davon abzuraten, Vorlagen zu verwenden. Viel zu oft finden sich Texte, die abgedroschen wirken und eindeutig als Muster zu entlarven sind. Außerdem beziehen sich diese Vorlagen nicht auf deine Keywordanalyse einer Stellenausschreibung. Fertige lieber eigene Schreiben an, denn die Mühe ist es wert.

Den richtigen und zu dir persönlich passenden Sprachstil findest du, wenn du folgendes Bild vor Augen hast: Du bist in deiner Stadt unterwegs und triffst rein zufällig den künftigen Arbeitgeber auf der Straße oder in der U-Bahn. Nun möchtest du ihn mit zwei oder drei Argumenten dafür begeistern, dass du der passende Mitarbeiter für sein Unternehmen sein könntest und dass es sich für ihn lohnt, dich einmal zu einem Vorstellungsgespräch einzuladen. Was und vor allem wie würdest du in dieser Situation beginnen zu sprechen?

Dieses gedankliche Bild hilft dir, dich von langweiligen, trockenen und in Musterbewerbungsanschreiben abgedroschenen Formulierungen zu distanzieren. Nun brauchst du noch jene zwei oder drei Argumente, die nicht nur für dich sprechen, sondern auch eine Passung zum Ziel verdeutlichen. Denke bitte nochmal an das Beispiel in Abschn. 2.1: „1000 Songs in deiner Tasche." Dieser Claim verdeutlicht schnell und bildlich, was für ein Produkt spricht. Es löst einen Kaufimpuls aus und erfüllt somit sein Ziel. Vielleicht hast du so einen Claim schon für dein Deckblatt entwickelt? Wenn ja, kannst du diese Aussage hier im Anschreiben nun etwas weiter ausführen, mit einem Beispiel nähren und bildlich werden. Wenn nein, dann lasse dich bitte durch die folgende Anekdote inspirieren.

Anfang des 20. Jahrhunderts entstanden in den USA die ersten berühmten Wolkenkratzer. In diesen riesigen Bürotürmen arbeiteten Tausende Menschen. In den oberen Etagen befanden sich die Führungskräfte, und in den unteren Etagen waren die „normalsterblichen" Arbeitnehmer anzutreffen. So klischeehaft war damals noch die Trennung der Hierarchien, und man vermied oft sogar den Kontakt untereinander. Was war aber nun, wenn ein Angestellter der Meinung war, dass er eine Gehaltserhöhung oder Beförderung verdient hätte? Heutzutage würde man über den kurzen Dienstweg einfach seine entsprechende Führungskraft um ein Gespräch bitten. Doch das war vor etwa 100 Jahren noch undenkbar – das Human Resource Management im Sinne der heutigen Talent- und Mitarbeiterentwicklung entstand erst gegen Ende des 20. Jahrhunderts. Wie also konnte damals ein Mitarbeiter eine Führungskraft erreichen? Die Lösung war folgende: Man musste als Angestellter einfach nur so lange im Aufzug mitfahren, bis man seinen Vorgesetzten antraf. Für diesen Fall hatte man sein „Sprüchlein" vorbereitet – einen Claim, der schnell zwei bis drei gute Argumente lieferte, um dem Vorgesetzten ein ausführliches Gespräch oder etwas anderes Ersehntes abzuschwatzen. Aufgrund der langen Fahrten im Aufzug über unzähligen Etagen hinweg hatte man im Zweifel sogar genug Zeit, um sein Ziel zu erreichen. Damit war der Begriff „Elevator Pitch" geboren. Übersetzt bedeutet das so viel wie „Anpreisung im Aufzug".

Heute entwickeln vor allem Existenzgründer einen „Pitch" für ihr Produkt bzw. für ihre Dienstleistung. Dabei ist es Usus, zwei Versionen zu entwickeln: einmal eine ganz kurze Version, die im persönlichen Gespräch maximal 30 s dauert, und einmal eine längere Version, die beispielsweise auf einem Podium gesprochen werden kann und bis zu zwei Minuten dauern darf. Übertragen auf deine Situation bedeutet das, dass du eine kurze Version für dein Anschreiben entwickeln könntest, um schnell und bildlich zu verdeutlichen, warum du derjenige bist, der am besten passt. Entwickle zudem noch eine zweite, längere Version, die im Vorstellungsgespräch eine gute Wirkung entfalten könnte – doch darum geht es dann in Teil II.

Um einen kurzen Elevator Pitch zu kreieren, hilft dir die AIDA-Formel. Diese Technik entstammt der Werbebranche und wird gern als Grundgerüst für Werbetexte genutzt.

A – Attention: Wecke die Aufmerksamkeit deines Gegenübers – was ist das Besondere an dir?

I – Interest: Erzeuge Interesse an deinem Profil, verdeutliche die Passung.

D – Desire: Sprich ein Bedürfnis deines Gegenübers so an, dass der Wunsch entsteht, noch mehr über dich zu erfahren bzw. mit dir zusammenzuarbeiten.

A – Action: Formuliere einen sog. Call-to-Action – was soll dein Gegenüber tun?

Du brauchst nicht vier Sätze zu entwickeln, weil diese Formel aus vier Leitgedanken besteht. Manchmal passt ein guter Elevator Pitch in einen Nebensatz.

Positive Beispiele für einen Elevator Pitch sind (Ziel: Technikunternehmen, das Sensoren herstellt):

- Ich habe Technik an der Universität in Aachen studiert und war eine der Besten in diesem Fach. Im Studium habe ich mich auf Sensorik spezialisiert und in einem Praktikum erste Erfahrungen in diesem Bereich gemacht. Dabei habe ich an der Entwicklung eines Sensors mitgearbeitet und eine Leiterplatine eigenverantwortlich konzipiert. Mit diesem Wissen kann ich mich in Ihr Unternehmen, das genau an der Schnittstelle von Technik und Sensoren tätig ist, schnell und effektiv einbringen. → *Dieses Beispiel verdeutlicht eine hohe Passung zum Job.*
- Mit meinem Profil stehe ich für eine profunde Ausbildung in Technik, für praktische Erfahrung in der Entwicklung von Sensoren sowie für Umgänglichkeit und ein gutes Analysevermögen. → *Dieses Beispiel kommt schnell auf den Punkt.*

Negative Beispiele für einen Elevator Pitch sind (Ziel: Technikunternehmen, das Sensoren herstellt):

- Hören Sie auf zu suchen! Mit mir finden Sie den Mitarbeiter, der alles mitbringt, was Sie sich wünschen. → *Dieses Beispiel ist zu übertrieben.*
- Als Bester meines Jahrgangs garantiere ich beste Arbeitsergebnisse. Im Arbeitszeugnis meiner erfolgreichen Tätigkeit als Werkstudent können Sie sich

davon überzeugen. → *Dieses Beispiel ist zu übertrieben und zu plakativ – die genannte Information sollte sich durch Lesen der Vita und der Zeugnisse von alleine erschließen.*

Bitte bedenke, dass eine Bewerbung keine wissenschaftliche Arbeit ist. Lange verschachtelte Sätze und eine geschwollene Sprache haben hier nichts verloren. Es geht ganz klar um einen Verkaufsaspekt, den das Anschreiben erfüllen soll. Dazu helfen dir die Bezugnahme auf die besagten Keywords und kurze bis mittellang gehaltene Sätze. Nach wie vor ist es deine Maxime, mit der gesamten Bewerbung zugleich kompetent und sympathisch zu wirken – und immer die Passung im Fokus zu behalten.

Ein weiterer rhetorisch sehr nützlicher Tipp ist der Hinweis darauf, das Wort „und" elegant zu vermeiden. Denn du wirst im Anschreiben nicht drum herumkommen, Argumente für dich aufzulisten. Versuche bitte mit diesen Möglichkeiten, das „und" gelegentlich zu umschreiben:

- sowie
- außerdem
- zusätzlich
- darüber hinaus
- des Weiteren
- neuen Satz beginnen

Tipp
Entwickle für dein Anschreiben einen kurzen Elevator Pitch, der eine perfekte Passung zur Ziel-Stelle vorweist. Orientiere dich hier erneut an dem Leitgedanken „Ich bin der Beste für diesen Job, weil …"

Vervollständige diesen Satz nun mit deinem Elevator Pitch. Teste das Ergebnis und hole dir Feedback von deinen Freunden. Achte darauf, dass du dich damit (einigermaßen) wohlfühlst.

2.4.3 Der erste Satz zählt

In einem guten Buch muss der erste Satz eine ganz besondere Funktion erfüllen. Was für Romane vielleicht noch mehr gilt als für Fach- und Sachbücher, gilt ganz entscheidend für deine Bewerbung. Der erste Satz soll der Zielperson direkt zeigen, dass ihr Lesebedürfnis erfüllt wird und der Effekt „Das muss ich lesen!" entsteht. Der erste – hoffentlich sehr gute – Eindruck, den ein Leser durch den Anblick des Covers schon hat, muss hier weiter bedient werden. Man kann es schon als eine Kunst bezeichnen, den ersten Satz unter diesem Gesichtspunkt zu formulieren. Denn nebenbei müssen ja auch noch die Aspekte Passung, Sympathie und Kompetenz vermittelt werden. Die Gefahr, den Leser zu verprellen – nachdem er sich aufgrund des positiven Eindrucks entschieden hat, das Anschreiben zu lesen – ist nicht gering.

Doch wie kommst du nun auf eine Idee, um einen guten ersten Satz zu schreiben? Damit du einen ersten Eindruck für entsprechende Sätze erhältst, findest du nun ein paar erfolgreiche und auch einige nicht erfolgreiche Beispiele. Die obligatorische Anrede „Sehr geehrter Herr …" bzw. „Sehr geehrte Frau …" vor Beginn des eigentlichen Satzes ist hier ausgespart. Dafür ist angegeben, welche Qualifikation der Bewerber hatte und was der Zielberuf war:

Erfolgreiche Beispiele für einen ersten Satz sind:

- „Als ich Ihre Stellenausschreibung sah, stieg mein Puls über die 10.000 Punkte-Marke." → Finanzmanager an Börsenunternehmen (bezugnehmend zum damals aktuellen Börsenkurs)
- „Ich kann mir sehr gut vorstellen, dass die Aufgaben der Position und mein Profil eine erfolgreiche exotherme Reaktion eingehen werden." → Chemiker an Chemiekonzern (um die Formulierung „Die Chemie stimmt" zu vermeiden)
- „Ihre Stellenausschreibung hat mich sofort elektrisiert." → Kulturmanager an Kulturbetrieb
- „Sie lesen die Bewerbung eines hochmotivierten Absolventen mit ersten Erfahrungen im Controlling und Bankwesen." → M.A. Business Management an Bank im Bereich Controlling

Die folgenden Beispiele hingegen sind nicht erfolgreich:

- „Hiermit bewerbe ich mich um die Stelle als …" → abgegriffen
- „Ich möchte gern mein im Studium erworbenes Wissen praxistauglich anwenden." → inhaltsfrei
- „Sie suchen einen motivierten und qualifizierten neuen Mitarbeiter – hören Sie auf zu suchen, denn mit mir haben Sie ihn gefunden." → überheblich
- „Wenn Sie das Feuer in meinen Augen sehen könnten, das sofort brannte, als ich Ihre Ausschreibung gelesen habe …" → über das Ziel hinaus

Natürlich entscheidet der erste Satz nicht darüber, ob der Job letztendlich an dich vergeben wird. Und noch weniger ist der erste Satz ein Kriterium für deine Leistungsfähigkeit. Der Bewerbungsprozess funktioniert aber nun mal eben so, dass deine schriftlichen Unterlagen darüber entscheiden, ob du zu einem Vorstellungsgespräch eingeladen wirst oder nicht. Der erste Satz ist also nur ein Schritt auf dem gesamten Weg – doch sollte dich dieser Schritt in die richtige Richtung führen.

Dir stehen im Grunde zwei Möglichkeiten zur Verfügung, einen knackigen ersten Satz zu finden: Entweder hast du ein sehr gutes Argument, das die Passung zu deinem Job verdeutlicht. Dann kannst du das direkt im ersten Satz benennen. Beispiel – stark vereinfacht: Ein Unternehmen sucht einen Mitarbeiter, der speziell im Bereich der Thermodynamik erfahren ist. In diesem Falle kann der erste Satz lauten: „Sehr geehrte Frau Müller, aufgrund meiner Erfahrung in der Thermodynamik glaube ich, dass ich die Aufgaben umgehend und zielführend ausführen kann." Im weiteren Verlauf des Anschreibens sollte diese Aussage natürlich veranschaulicht werden. Dieser erste Satz sorgt aber für den Das-muss-ich-lesen-Effekt, weil er direkt an das Bedürfnis des Lesers – der wahrscheinlich auch die Ausschreibung formuliert hat, appelliert.

Die zweite Möglichkeit besteht darin, etwas mehr Kreativität zu zeigen. Das kann eine Formulierung sein, die außergewöhnlich oder humorvoll ist, ohne überheblich oder abgedroschen zu klingen. Ebenso können branchen- oder tagesaktuelle Themen aufgegriffen werden. Die avisierte Branche bestimmt mitunter, wie viel Kreativität zulässig ist. Für die Bewerbung in einer Bank oder in einer Unternehmensberatung sollte natürlich maßvoller formuliert werden als für die Bewerbung in einer Werbeagentur. Und eine Bewerbung für eine Stelle als Sozialarbeiter wird sicherlich anders klingen als die für einen Finanzjob.

Lass dich von der Stellenausschreibung, von der Website des Unternehmens und auch von Freunden zu einem guten ersten Satz inspirieren. Am besten entwickelst du zwei oder drei unterschiedliche Varianten. So hast du eine Entschcidungsgrundlage, um einen Satz zu finden, mit dem du dich wohlfühlst. Du kannst im ersten Satz beispielsweise darauf verweisen, warum ausgerechnet dieses Unternehmen oder dessen Branche für dich spannend ist sowie dass du vielleicht eine ganz besondere Erfahrung mitbringst, die dich für diesen Job sofort qualifiziert.

> **Tipp**
> Finde einen ersten Satz, der knackig ist und nicht abgegriffen klingt. Nutze dafür ein Argument, das deine Passung verdeutlicht, oder lass ein wenig Kreativität einfließen.

2.4.4 Das Vier-Augen-Prinzip

Nun ist nicht jedermann ein geborener Autor und schon gar nicht, wenn es darum geht, die eigene Person in den Vordergrund zu stellen. Die typische Sozialisation in unserem Kulturkreis sieht vor, dass soziale Normen vermittelt werden und man nicht immer im Mittelpunkt stehen sollte. Weisheiten wie „Hochmut kommt vor dem Fall" scheinen vermeintlich zu bestätigen, dass man nicht immer und überall behaupten sollte, der Allergrößte und Beste von allen zu sein. Doch in einem Bewerbungsprozess wird das ansatzweise gefordert: Man muss im Mittelpunkt stehen, man muss sich loben, und man muss sich verkaufen.

Zudem ist es fast unmöglich, eine objektive Bewertung zu treffen, ob eine Bewerbung nun gut oder schlecht ist. Sicher gibt es Kriterien, anhand derer man festmachen kann, ob das Design übersichtlich ist, ob die richtigen Zeugnissen in Kopie beiliegen oder ob das Anschreiben zu überheblich bzw. zu dröge geworden ist. Die Bewerbungen, die zum Erfolg oder Misserfolg geführt haben, sind so unterschiedlich wie ihre einzelnen Leser.

Auch Bestsellerautoren fallen nicht vom Himmel – eine gewisse Übung und die Aufnahme von konstruktivem Feedback gehören immer mit dazu. Wenn du Freunde bittest, deine Bewerbung zu lesen, werden die einen sagen, dass sie gut ist – andere werden hingegen sagen, dass sie sie nicht gut finden. Doch letztendlich ist eine Bewerbung nur wirklich erfolgversprechend, wenn sie die Passung zu einem Zieljob verdeutlicht und dabei die wichtigsten Merkmale des Bewerbers in den Vordergrund stellt.

Um das zu erreichen, solltest du das Vier-Augen-Prinzip anwenden. Lasse deine Bewerbung von einer anderen Person gegenlesen. Besonders hilfreich wäre es natürlich, wenn sich diese Person in der avisierten Branche auskennt oder sogar einen persönlichen Kontakt in das Zielunternehmen hat. Dabei sollte nicht nur auf Schreibfehler geachtet oder eben die Frage „Gut oder schlecht?" erörtert werden. Achtet vor allem auf diese Punkte:

- Bitte die Person, die Stellenausschreibung vorab genau zu lesen.
- Zudem sollte ein Blick auf die Website des Unternehmens geworfen werden, sodass die Person weiß, was das Unternehmen tut.
- Fallen der Person Keywords auf, die du nicht im Anschreiben angesprochen hast?
- Kann sich die Person ein gutes Bild von der Darstellung deines Profils machen?
- Erschließt sich dein Lebenslauf der Person schnell und lückenlos?
- Hat die Person zusätzliche Argumente für dich, die du noch nicht im Anschreiben erwähnt hast?
- Hat die Person Ideen, wo oder wie du deine Unterlagen passend zur Stellenausschreibung optimieren könntest?
- Bitte die Person einmal ein aus ihrer Sicht komplett neues Anschreiben für dich zu dieser Stellenausschreibung zu formulieren. Schaue dann, was du für deinen eigenen Text verwenden kannst.

> **Tipp**
> Eine Bewerbung sollte nicht nach dem Motto „gut oder schlecht" bzw. „gefällt mir oder gefällt mir nicht" beurteilt werden. Es geht um die Passung. Nutze eine dritte Person, um objektives Feedback zu erhalten.

2.4.5   Das Gehalt ansprechen

Viele Stellenausschreibungen enden mit dem Satz „Bitte senden Sie uns Ihre aussagekräftigen Unterlagen, Ihren möglichen Eintrittstermin und Ihre Gehaltsvorstellung". Es ist ein ganz schwieriges Terrain, eine Empfehlung abzugeben, welche Gehaltsvorstellung anzugeben ist oder wie man diese am besten formuliert. Es gilt hierbei immer, einen Mittelweg zu finden, der irgendwo zwischen eigenen Wunschvorstellungen, realen Vergleichswerten innerhalb der Branche bzw. zu ähnlichen Stellen, allgemeiner Vergütungskultur des jeweiligen Unternehmens und dem persönlichen Profil liegt. Man kann keinesfalls sagen, dass frisch absolvierte Akademiker einheitlich den Betrag x verdienen.

Es gibt zahlreiche Online-Portale (s. „Weiterführendes Material" am Ende des Buches), die einen bundesweiten Gehaltsvergleich veröffentlichen. Diese sind jedoch für deinen Gehaltswunsch nicht wirklich eine verbindliche Quelle und mehr als eine vage Orientierung, was du denn angeben könntest, lässt sich daraus nicht ableiten. Die Vergütungskultur weicht von Unternehmen zu Unternehmen deutlich voneinander ab. Es gibt verschiedene Faktoren, die die Höhe des Gehalts beeinflussen. In aller Regel sind es die in Tab. 2.2 dargestellten Faktoren, die ein Gehalt für vergleichbare Stellen nach oben treiben bzw. senken.

Wie du siehst, kann es recht komplex sein, ein „richtiges" Einstiegsgehalt unter Berücksichtigung dieser Faktoren zu beziffern. Und wenn Unternehmen in ihrer Ausschreibung angeben: „Sie erwartet ein leistungsgerechtes Gehalt", so kann das zwei unterschiedliche Bedeutungen haben. Entweder ist gemeint, dass das Grundgehalt eher gering ist, aber dafür hohe Boni gezahlt werden. Oder es kann gemeint sein, dass das Gehalt für diesen Job höher als in vergleichbaren Unternehmen ist. Zudem weißt du zum Zeitpunkt der Bewerbung nicht, ob das Unternehmen Zusatzleistungen anbietet oder grundsätzlich eher fair bzw. weniger fair entlohnt.

Regelmäßig und gerade bei Jobeinsteigern haben die Unternehmen ohnehin festgeschriebene Gehälter, sodass die Angabe des Gehaltswunsches eigentlich redundant ist und eine Verhandlung über das Einstiegsgehalt nicht vorkommen wird. Im Grunde wollen Unternehmen einfach nur sehen, ob ein Bewerber realistische Vorstellungen hat oder ob er sich durch die Angabe des Gehaltswunsches unter- bzw. überschätzt. Daher ist der Begriff der Passung auch hier wieder der Schlüssel zum Schloss.

Tab. 2.2 Gehaltstreiber und Gehaltssenker

Gehaltstreiber	Gehaltssenker
Größe des Unternehmens	Zusatzleistungen (Ticket für den ÖPNV,
Internationale Ausrichtung	Dienstauto, Laptop, kostenlose Mitglied-
Ungewöhnliche Arbeitszeiten (nachts, Wochen-	schaften, Kantine, etc.)
ende)	Boni (Provisionen, Umsatzbeteiligungen etc.
Umgang mit arbeitsplatzbedingten Gefahren	senken das monatliche Grundgehalt)
(z. B. Chemikalien)	Anzahl der Urlaubstage (zwischen 24 bis 30
Spezifische Vorerfahrung des Bewerbers	pro Jahr)
Branche des Unternehmens (z. B. sind	Alle Faktoren, die unter „Gehaltstreiber" nicht
Gehälter in der Pharmabranche meist höher als	zutreffen
in der Kulturbranche)	
Standort des Unternehmens (je nach Bundes-	
land sehr unterschiedliche Durchschnittswerte)	
Qualifikation des Bewerbers (z. B. verdienen	
Ingenieure häufig mehr als Projektmanager;	
Doktortitel)	
Teamleitungsaufgaben	

Eine Besonderheit ist im öffentlichen Dienst zu beachten. Denn in Universitäten, Behörden, Forschungseinrichtungen etc. sind die Gehälter durch Tarifverträge festgelegt. Im Tarifvertrag für den öffentlichen Dienst (TVöD) ist flächendeckend in einer Tabelle festgehalten, welches Gehalt für welchen Job gezahlt wird. Diese Tabelle unterscheidet zum einen nach der Eingruppierung – einfache Jobs werden geringer vergütet als Leitungsfunktionen –, und zum anderen nach der Anzahl der Berufsjahre eines Mitarbeiters bzw. Jobeinsteigers – je mehr Berufserfahrung man vorweisen kann, umso höher ist das Gehalt. Zudem steht fest, zu welchen Zeitpunkten eine Gehaltserhöhung fällig ist, sodass es zu keiner Gehaltsverhandlung zwischen Arbeitgeber und Arbeitnehmer kommen wird.

Wenn du deinen Gehaltswunsch passend zur jeweiligen Stellenausschreibung festgelegt hast, äußerst du diesen als Bruttoangabe pro Jahr. Das bedeutet, du gibst an, welchen Betrag du jährlich insgesamt verdienen möchtest bzw. als realistisch für den jeweiligen Job ansiehst. Möglicherweise wird das Unternehmen im Vorstellungsgespräch verhandeln wollen oder Ersatzleistungen wie z. B. den Dienstwagen oder eine Mitgliedschaft im Fitnessstudio anbieten.

Eine gelungene Formulierung könnte so lauten: „Mein Gehaltswunsch beträgt im Verhältnis der Aufgabenbeschreibung und meines persönlichen Profils … Euro." Es ist dann normalerweise klar, dass du einen Bruttojahreswert angibst. Elegant hierbei ist, dass nicht einfach irgendeine aus der Luft gegriffenen Wunschzahl genannt ist. Der Bewerber zeigt mit so einer Formulierung, dass er sich Gedanken über den Stellenzuschnitt in diesem Unternehmen gemacht hat und dies zu seinem Leistungsversprechen bzw. zu seiner Passung in ein realistisches Verhältnis zu setzen versucht. Bitte verzichte auf ausgiebige Formulierungen wie „… dennoch bin ich verhandlungsbereit … und die genaue Höhe hängt natürlich von Ihren Zusatzleistungen ab …". Wie auch bei allen anderen hochpreisigen Gütern des täglichen Bedarfs wird der Preis einfach genannt – nachdem alle Leistungsmerkmale aufgezählt worden sind –, und dann entscheidet der Kunde, ob er den Preis akzeptiert oder nicht.

Tipp
So findest du die richtige Gehaltsangabe: Informiere dich in Online-Vergleichen bzw. in Gesprächen mit Personen aus deinem Netzwerk; berücksichtige die Faktoren der Gehaltstreiber und -senker; schätze die Genauigkeit deiner Passung zur avisierten Stelle ein. Lege davon ausgehend nun zwei Werte fest: Wunschbetrag und Mindestbetrag. Der Mittelwert zwischen beiden ergibt gerundet auf eine 1000er-Stelle deinen Gehaltswunsch.

Wird der Gehaltswunsch dann im Vorstellungsgespräch thematisiert, ist das grundsätzlich ein positives Signal des Unternehmens. Oft kommt es vor, dass „Neulingen" weniger geboten wird, als der Mittelwert betragen würde. Eine Gehaltsverhandlung läuft meist darauf hinaus, dass der Bewerber den gebotenen Wert akzeptiert und im Gegenzug darauf besteht, den Wunschbetrag nach Ablauf der erfolgreichen Probezeit zu beziehen. Im öffentlichen Dienst hingegen wird nicht verhandelt, sondern anhand von vorgeschriebenen Werten „eingruppiert".

2.5 Motivationsschreiben und Kompetenzprofil

Alle Fachbücher verfügen auf ihrer Rückseite über einen kurzen Text, der den Kern und das Nutzenversprechen des Buches fokussiert auf den Punkt bringen. Diese Zeilen sollen den Eindruck abrunden, der durch das Betrachten des Covers und Titels entsteht. Die meisten Menschen kaufen Bücher nach einer nur sehr kurzen Entscheidungsphase – dieses knappe Zeitfenster müssen Autor und Buch nutzen, um ein klares Profil zu zeigen und um den gewünschten Kaufimpuls auszulösen. Diese Funktion erfüllen das Motivationsschreiben bzw. das Kompetenzprofil in einer Bewerbung. Nicht in allen Stellenausschreibungen wird explizit darum gebeten, ein Motivationsschreiben abzugeben – noch seltener wird um ein Kompetenzprofil gebeten. Doch es lohnt sich sehr, zumindest eines von beiden – wenn nicht sogar direkt beides – auch unaufgefordert in die Bewerbung einzuarbeiten.

Das Motivationsschreiben hat eine etwas andere Absicht als das normale Anschreiben. Während das normale Anschreiben vor allem deine Passung zur ausgeschriebenen Stelle verdeutlichen soll, kannst du im Motivationsschreiben etwas weiter ausholen und auch allgemeinere Angaben über dich sowie weitere für dich sprechende Argumente machen. Die maximale Länge dafür beträgt eine halbe Seite als Fließtext. Wenn Personaler ein Motivationsschreiben lesen, das diesen Zeitaufwand wert ist, erhalten sie dadurch z. B. folgende Informationen:

- Was hat dich motiviert, um genau dieses Studium zu absolvieren?
- Was hat dich motiviert, beim ausschreibenden Unternehmen (oder in der entsprechenden Branche) vorstellig zu werden?
- Was motiviert dich grundsätzlich, deine volle Leistung zu zeigen?
- Was motiviert dich im beruflichen Bereich, dich weiterzuentwickeln?
- Was motiviert dich im privaten Bereich, dich weiterzuentwickeln?
- Welche weiteren Argumente, die im normalen Anschreiben nicht untergekommen sind, verschaffen dir zusätzliche Pluspunkte?
- Gibt es etwas Besonderes, ein Alleinstellungsmerkmal, über das nur du verfügst?

Fasse dich kurz oder beziehe dich nicht auf alle Fragen, damit du eine halbe Seite nicht überschreitest. Achte darauf, dass du der Maxime gerecht wirst, Sympathie und Kompetenz zu vermitteln. Denn überhebliche oder zu allgemein bzw. zu theoretisch oder zu trocken formulierte Motivationsschreiben erfüllen ihren Zweck nicht. Das Motivationsschreiben wird in der Bewerbung auf einer eigenen Seite dargestellt – der sog. Seite 3.

Darüber hinaus zeigt ein Kompetenzprofil – ebenfalls kurz gehalten – welche Fähigkeiten du ganz allgemein sowie im Speziellen mitbringst. Auch hier ist es der Gedanke, ergänzende Punkte zu nennen, die womöglich noch nicht im Anschreiben genannt sind. Man unterscheidet im Personalwesen innerhalb der Kompetenzen grundsätzlich zwischen Hard Skills und Soft Skills. Unter Hard Skills versteht man Kompetenzen, die du durch Ausbildungen oder durch Berufserfahrung erworben hast. Mit Soft Skills sind hingegen persönliche Fähigkeiten und charakterliche Eigenschaften gemeint. Deine Skills kannst du im Kompetenzprofil mithilfe von Spiegelstrichen schlagwortartig auflisten, z. B. so:

- Physikstudium an der Universität zu Köln
- 2 Jahre Berufserfahrung
- Teilnahme an Forschungen im Unternehmen …
- Entwicklung einer Photovoltaikanlage im Unternehmen …
- Sichere Anwendung der Software … und des Analyseverfahrens …
- Erprobte Fähigkeit, Daten zu analysieren und Probleme zu lösen
- Kreativ, teamfähig, diszipliniert

Auch auf die Gefahr hin, dass sich letztendlich manche Kompetenzen mit deinen Angaben im Anschreiben oder Lebenslauf doppeln, kannst du hier nochmals dein persönliches Profil abgerundet auf den Punkt bringen. Du zeigst einem Unternehmen damit im Sinne einer Schnellübersicht die Essenz deines Potenzials. Das Kompetenzprofil kann direkt auf der „Seite 3" unterhalb des Motivationsschreibens sowie direkt auf dem Deckblatt unterhalb deines Fotos platziert werden. Nenne jedoch nur Begriffe, die auch wirklich zu dir passen. Wenn du dich beispielsweise als nicht sonderlich teamfähig bezeichnest, solltest du das Wort „teamfähig" im Kompetenzprofil einfach weglassen – selbst wenn Teamfähigkeit in der Stellenausschreibung gefordert wird.

Karrieretipp
Absolviere regelmäßig kleinere, berufsbegleitende Weiterbildungen oder auch mal eine umfangreichere Zusatzausbildung. Denn Wissen und kontinuierliche Weiterentwicklung sind die wichtigsten Faktoren für eine langfristige Karriere und der beste Schutz vor Arbeitslosigkeit.

2.6   Auswahl der richtigen Anhänge

Zu jeder vollständigen Bewerbung gehört die Beilage deiner Zeugnisse. Doch was genau sind die wichtigsten Zeugnisse, und was kannst du weglassen? Und was ist, wenn du noch kein qualifiziertes Arbeitszeugnis vorliegen hast? Hier erhältst du eine Übersicht, welche Zeugnisse du zu deinen Unterlagen beifügen kannst.

Auch hier ist der Vergleich zum Fachbuch nochmals sehr veranschaulichend. Denn das Beifügen deiner Zeugnisse hat ebenfalls eine wichtige Funktion. Ganz oft steht auf der Rückseite eines Fachbuches oder ergänzend zum Vorwort eine Expertenmeinung im Stile von: „Prof. Dr. Hasemann, Chefredakteur einer renommierten Fachzeitschrift, sagt: Dieses Buch ist wie ein Schatz, der erst viel zu spät entdeckt wurde. Jeder Fachmann sollte es lesen." Die Empfehlung einer Autorität nennt sich Testimonial und dient als objektive, aussagekräftige Referenz einer dritten bzw. neutralen Person. Dies sichert den Kaufimpuls eines Entscheiders ab, der sich mit deinen Bewerbungsunterlagen auseinandersetzt.

Folgende Unterlagen solltest du deiner Bewerbung beifügen:

- *Schulzeugnis:* Falls es sich um deinen ersten richtigen Job nach der Uni handelt, solltest du auf jeden Fall das Zeugnis deines höchsten Schulabschlusses beilegen. Für alle darauffolgenden Arbeitsstellen ist die Vorlage des Schulzeugnisses nicht mehr relevant – dann reicht es aus, wenn du in der Vita entsprechende Angaben machst. In einer Bewerbung haben weder Zwischenzeugnisse eines Halbjahreswechsels noch Grundschulzeugnisse etwas verloren.
- *Universitätszeugnis:* Natürlich legst du die Urkunden deines Abschlusses vor – Bachelor und/oder Master, je nachdem. Wenn du über besonders gute Noten in den Fächern verfügst, deren Inhalte im späteren Beruf besonders wichtig sein könnten, kannst du auch die Notenübersicht dazulegen.
- *Weiterbildungszeugnis:* Sobald du über relevante Weiterbildungen verfügst, solltest du auch diese Zeugnisse in die Unterlagen aufnehmen.
- *Arbeitszeugnis:* Nach jedem beendeten Arbeitsverhältnis steht dir ein Arbeitszeugnis zu. Darin beschreibt dein Vorgesetzter, was das Unternehmen allgemein tut, welche konkreten Aufgaben du hattest und wie deine Arbeitsmoral sowie auch deine Ergebnisse aus seiner Sicht zu bewerten sind. Die Rhetorik dieser Arbeitszeugnisse folgt ganz eigenen Regeln, und viele Arbeitnehmer lassen im Zweifel anwaltlich prüfen, ob der Vorgesetzte auch fair geurteilt hat. Solltest du so ein Zeugnis von einem vorangehenden Job haben, gehört dies natürlich in die Bewerbung hinein. Das gilt auch für den Fall, dass du noch gar keinen Job gemacht hast, der einen Bezug zu deinem Studium vorweist – auch ein qualifiziertes Arbeitszeugnis eines Ehrenamts, eines HiWi-Jobs oder einer Tätigkeit als Kindergruppendozent sind für künftige Arbeitgeber eine sehr hilfreiche Entscheidungshilfe und Referenz für deine Arbeitskraft.

Sollten dir überhaupt keine Arbeitszeugnisse vorliegen, obwohl du schon gearbeitet hast, dann bitte deine ehemaligen Arbeitgeber darum, dir nachträglich eines auszustellen. Sollte das zu viel verlangt sein, bitte um eine persönliche Referenz. Als sog. Testimonial kann dir ein Arbeitgeber eine kurze Mail schreiben und in drei bis fünf Sätzen angeben, dass er mit deiner Leistung zufrieden war. Wenn du so etwas anfragst, weise darauf hin, dass du es für eine Bewerbung brauchst. Füge es dann unter Benennung des Namens des Verfassers, seiner Position und ggf. seiner Kontaktdaten in deine Bewerbung als eigene Seite hinzu. Dieser Job sollte dann in deinem Lebenslauf aufgeführt werden.

Achte bitte darauf, dass die Originalzeugnisse sehr sauber und ordentlich gescannt sind. Die Farbe entsprechender Siegel oder Logos muss einwandfrei zu erkennen sein. Ebenso darf der Scan nicht verrutschen und dann schief am Monitor angezeigt werden. Die Auflösung des Scans sollte nicht zu klein (Schriftbild und Lesbarkeit leiden darunter) und auch nicht zu groß (zu hohes Datenvolumen als Anhang bzw. Upload) sein – probiere mehrere Einstellungen beim Scannen aus, bis du die richtige Auflösung hinbekommst. Speichere die gescannten Dateien einzeln und auch als zusammenhängende Datei ab. In Abschn. 2.7 erfährst du, wie du die Unterlagen richtig versendest.

In sämtlichen Zeugnissen ist der Zeitraum enthalten, wann du eine entsprechende Institution besucht und verlassen hast. Bitte gleiche diese Zeiträume genau mit den Angaben in deinem Lebenslauf ab – hier darf kein Fehler passieren. Ordne auch die Zeugnisse chronologisch rückwärts – das bedeutet, dass das jüngste Zeugnis zuerst kommt, das älteste zuletzt. Grundsätzlich sollten alle Tätigkeiten, über die du Zeugnisse beifügst, in deinem Lebenslauf schnell auffindbar sein. Du musst nicht alles belegen, was in deiner Vita steht – nur die wichtigsten Erfahrungen und Qualifikationen. Aber füge bitte kein Zeugnis bei, zu dem du keine weitere Angabe im Lebenslauf gemacht hast.

> **Tipp**
> Weniger ist mehr! Konzentriere dich auf die wichtigsten Zeugnisse.

2.6.1   Arbeitszeugnisse richtig verstehen

Arbeitszeugnisse zu interpretieren, ist eine Kunst für sich. Das Besondere dabei ist die verwendete Rhetorik. Diese folgt ganz eigenen Regeln und Standards. Wenn diese vom Arbeitgeber nicht eingehalten werden, bedeutet das entweder, dass er mit deiner Leistung – möglicherweise zu Unrecht – nicht zufrieden war oder dass er diesen Kodex schlichtweg nicht kennt. Nicht ohne Grund sind Fachanwälte für Arbeitsrecht darauf spezialisiert, Streitigkeiten über diese Form der Rhetorik zu klären.

Arbeitszeugnisse bestehen in aller Regel aus diesen fünf Teilen:

1. Angabe des Namens und Dauer der Betriebszugehörigkeit
2. Kurzporträt des Unternehmens
3. Beschreibung der Aufgaben und Stelle
4. Darstellung deiner Leistung
5. Gute Wünsche für die weitere Zukunft und Grund des Austritts

Wenn einer dieser Bestandteile nicht aufgeführt oder besonders knapp ausgefallen ist, kann das ein Hinweis darauf sein, dass der Arbeitgeber die Leistung des entsprechenden Arbeitnehmers nicht würdigt. Natürlich kann es sich auch um ein Versehen oder um Nichtwissen handeln – das ist aber eher nur in „kleineren"

Arbeitsverhältnissen der Fall. Ein Arbeitgeber, der z. B. fast ausschließlich Schüleraushilfen in seinem Getränkemarkt beschäftigt, wird kaum wissen, wie genau ordentliche Arbeitszeugnisse geschrieben werden. Hingegen ist bei einem Arbeitgeber, der qualifizierte Stellen oder ein IT-Praktikum für die Dauer von drei Monaten anbietet, davon auszugehen, dass er die Sprache der Arbeitszeugnisse beherrschen sollte.

Ein besonderes Augenmerk ist auf die Darstellung der Leistung zu richten. Diese sollte möglichst umfangreich ausfallen und spezifische Fachkenntnisse (z. B. Programmierfähigkeit eines ITlers) sowie persönliche Fähigkeiten (z. B. Genauigkeit, Hilfsbereitschaft, Eigeninitiative) auflisten. Fällt dies eher kurz oder unvollständig aus, so ist das als Unzufriedenheit des Arbeitgebers zu werten.

Diese Leistungsdarstellung muss „wohlwollend" formuliert sein. Dies ist eine gesetzliche Regelung, damit ein Arbeitszeugnis keine negativen Konsequenzen für die berufliche Entwicklung mit sich bringt. Das bedeutet, dass der Arbeitgeber auch bei absoluter Unzufriedenheit die Leistung wohlwollend beschreiben muss, was zu einer bestimmten Rhetorik in den Zeugnissen führt. Die in Tab. 2.3 genannten Beispiele dürften klarmachen, warum es bei der Ausstellung und Interpretation von Arbeitszeugnissen oft anwaltlicher Hilfe bedarf.

Wenn der Arbeitgeber mit der Leistung jedoch voll zufrieden ist und diese Rhetorik beherrscht, würdigt er die Ergebnisse des ehemaligen Mitarbeiters durchgehend durch die Verwendung von gleich drei grammatischen Prinzipien:

1. Universalquantoren: *immer* oder *stets*
2. Superlative: zu unserer *vollsten* Zufriedenheit
3. Adjektive: *hohe* Fachkompetenz

In einem vollständigen Satz klingt das dann so: „Herr Meier erledigte alle ihm übertragenen Aufgaben stets zu unserer vollsten Zufriedenheit. Er setzte seine hohe Fachkompetenz immer bestens ein und war darüber hinaus sehr gut in der Lage, eigenständig Ergebnisse zu erzielen." Die Grundregel dabei lautet: Sobald auch nur eines dieser Prinzipien nicht in der Rhetorik zu finden ist, muss das als Abwertung der Leistung zu interpretieren sein. Beispiel: „Herr Meier erledigte alle

Tab. 2.3 Formulierungen in Arbeitszeugnissen und ihre tatsächliche Bedeutung

Formulierung	Tatsächliche Bedeutung
„Er war tüchtig und wusste sich zu verkaufen"	Unangenehmer Mitarbeiter, keine Teamfähigkeit
„Sie hat mit ihrer geselligen Art zur Verbesserung des Betriebsklimas beigetragen"	Alkoholprobleme
„Er ging motiviert an seine Aufgaben heran"	Trotz Fleiß keine Erfolge
„Er hat alle Aufgaben im eigenen und im Firmeninteresse gelöst"	Diebstahl von Firmeneigentum
„Sie war stets pünktlich und ehrlich"	Fachkenntnisse fehlen

ihm übertragenen Aufgaben *(…)* zu unserer *vollen* Zufriedenheit. Er setzte seine *(…)* Fachkompetenz *(…)* bestens ein und war darüber hinaus *(…)* gut in der Lage, eigenständig Ergebnisse zu erzielen." Auch wenn sich dieser zweite Satz eigentlich ganz gut anhört, so wäre das in Schulnoten eher ein ausreichend! Die erste Formulierung entspräche hingegen der eins plus mit Sternchen.

Als letzter Punkt der Leistungsbeschreibung wird genannt, wie gut der Mitarbeiter mit Vorgesetzten, Kollegen und Kunden zurechtkam. Hierbei ist nicht nur genau diese Reihenfolge einzuhalten – wenn er denn mit allen gut zurechtkam –, sondern auch wieder die Rhetorik ausschlaggebend: Kam er *immer sehr gut* zurecht oder nur *gut* zurecht, und was bedeutet wohl dieser feine Unterschied?

Wenn nun ein Unternehmen ein Arbeitszeugnis eines Bewerbers liest, in dem dieser rhetorische Kodex weitgehend nicht erfüllt ist, werden zu viele Zweifel an der Person und deren Leistung erweckt, und es wird die Unterlagen mit bestem Dank direkt retour senden.

> **Tipp**
> Lies deine Arbeitszeugnisse kritisch. Lasse sie im Zweifel nach Rücksprache mit dem Arbeitgeber neu anfertigen oder entferne entsprechende Zeugnisse aus deiner Bewerbung.

2.7 So versendest du deine Bewerbung richtig

Als deine Eltern früher auf Jobsuche waren, wurden sämtliche Unterlagen als Kopie und mit Unterschrift per Hand auf dem Postweg versendet. In jede Bewerbung war ein echtes Foto eingeklebt. Das ist seit einiger Zeit natürlich anders – der meist verbreitete Weg ist heute der Versand per E-Mail. Die Bewerbung hängt der Mail als Anhang an. Dabei ist es wichtig, dass alle Bestandteile zuvor in einer einzigen PDF-Datei abgespeichert werden. Zu groß ist die Gefahr, dass ein wichtiger Anhang übersehen wird, wenn du all deine Unterlagen als einzelne Anhänge sendest – zudem wirkt das unseriös und spricht nicht gerade für gute PC-Kenntnisse. Normalerweise kannst du über die Druckerfunktion deines Textverarbeitungsprogramms alles in einem PDF-Dokument abspeichern. Zudem kannst du problemlos nach kostenlosen Programmen suchen, die das Zusammenführen in eine Datei per Drag and Drop ebenfalls leisten.

Dabei solltest du darauf achten, dass die Datenmenge der gesamten Datei eine bestimmte Größe nicht überschreitet. In der Stellenanzeige findest du einen entsprechenden Hinweis auf die Größe; meist sind maximal zwei bis fünf Gigabyte zulässig. Wenn du eine große Fotodatei und mehrere Scans in deine Bewerbung einbindest, kommst du schnell an gewisse Grenzen. Achte daher einfach schon beim Scannen, dass die Datenmenge nicht so groß wird, und verkleinere das Foto, bevor du es in das Deckblatt einbaust.

Wenn du dich per E-Mail und Anhang bewirbst, schreibe direkt in der Mail einen kurzen und höflichen Text. Damit weist du im Grunde einfach nur darauf hin, dass deine kompletten Unterlagen anbei zu finden sind.

Sollte in der Stellenausschreibung ein Ansprechpartner namentlich benannt sein, dann benutze diesen Namen auch definitiv in der Anrede dieser E-Mail. Es versteht sich von selbst, dass du peinlich genau auf die korrekte Schreibweise des Namens achten solltest. Zudem erhöhen eine Signatur mitsamt deiner Kontaktdaten sowie eine seriöse E-Mail-Adresse (z. B. vorname.nachname@...) deine professionelle Wirkung in diesem Schritt deutlich. Scheue ggf. nicht davor zurück, dir eine neue Mailadresse einzurichten, wenn deine bisherige Adresse beispielsweise SciFiNerd@... oder AbiKiller99@... lautet.

Gelegentlich ist in der Stellenausschreibung kein Name eines Ansprechpartners für die Bewerbung genannt, der für Rückfragen zu Verfügung steht oder an den die Bewerbung konkret adressiert werden soll. Hin und wieder findet man jedoch auf der Website des Unternehmens – meist im Navigationspunkt „Über uns" – eine entsprechende Person. In der Regel ist das die Leitung einer Personal- oder Human-Resource-Abteilung. In diesem Fall macht es einen guten Eindruck, im Anschreiben dann doch einen genauen Ansprechpartner zu benennen, auch wenn dieser in der Ausschreibung nicht genannt war.

Größere Unternehmen bieten immer häufiger eigene Upload-Funktionen innerhalb eines gesonderten Bewerberbereichs auf ihrer Website an. Dort kannst du dich registrieren, einloggen und die geforderten Dokumente hochladen. Diese Bewerbungsmasken sind so vielfältig wie die Unternehmen selbst. Auch wenn vom Prinzip her alle Masken ähnlich aufgebaut sind, so gibt es doch große Unterschiede. Manchmal wird beispielsweise verlangt, dass du deinen Lebenslauf trotz Upload noch händisch Punkt für Punkt eintippst. Das ist zwar nervig und zeitaufwendig, jedoch erhoffen sich die Unternehmen, so den passenden Bewerber per Suchalgorithmus schneller ausfindig machen zu können. Deine Angaben landen dann in einer Datenbank, und die Personaler können die Lebensläufe einfach nach bestimmten Suchwörtern filtern, um direkt die am ehesten passenden Kandidaten unter allen Bewerbern ausfindig zu machen. Manche Upload-Masken lassen es zu, dass du deine Unterlagen in einer einzigen PDF-Datei hochladen kannst – und schon ist die Bewerbung fertig. Manch andere wollen, dass du jede einzelne Datei auch einzeln hochlädst – es gibt dann einen Upload-Bereich speziell für die Dateien Foto, Anschreiben, Vita, Zeugnisse usw. Bitte lade dann das hoch, was auch gefordert ist, und zwar passend zu den einzelnen Kategorien.

In aller Regel lässt sich der Bewerbungsprozess zwischenspeichern. Wenn du also mal schnell weg musst, kannst du später an der gleichen Stelle weiterarbeiten, ohne dass deine Daten gelöscht sind. Und am allerwichtigsten ist natürlich der Button „Bewerbung jetzt senden", auf den du abschließend klicken musst. Meist kann die Bewerbung jedoch nur dann zum entsprechenden Mitarbeiter durchgestellt werden, wenn du bei diesem Klick auch die jeweiligen Datenschutzbestimmungen des Unternehmens mit einem weiteren Klick akzeptiert hast.

Manche Stellenbörsen bieten mittlerweile eine Funktion an, mit der die Bewerbung direkt an das suchende Unternehmen versendet werden kann, ohne dass du dein

Mailprogramm öffnen oder eine Bewerbungsmaske ausfüllen musst. Ein einfacher Upload-Klick genügt meistens. Es ist ratsam, deine Unterlagen einmal als einzelne PDF-Dokumente abgespeichert griffbereit zu haben und einmal als zusammenhängende Datei, die eine Maximalgröße nicht überschreitet.

Natürlich bieten manche Unternehmen mittlerweile auch an, dass du dich direkt über ein bestehendes Profil, das du vielleicht in einem sozialen Netzwerk bereits angelegt hast, bewerben kannst. In diesem Fall kann ein Link gesetzt werden, und das suchende Unternehmen kann deine Profildaten wie z. B. Geburtsdatum, Namen der Uni und Abschlussjahr direkt in seinen Bewerberpool einlesen. Die beiden größten sozialen Netzwerke hierbei sind XING und LinkedIn. Wie man diese Netzwerke am besten für sich nutzt und wie man sein Profil möglichst interessant darstellt, sind ganz spezielle Themen, die den Anlass dieses Ratgebers weit überstrapazieren würden.

Immer beliebter werden Videobewerbungen. Größere Stellenportale und inzwischen auch manche Unternehmen bieten die Videobewerbung entweder als Zusatz zur schriftlichen Bewerbung oder als komplette Alternative dazu an. Du hast dabei die Chance, dich mit eigenen Worten vorzustellen und in kurzer Zeit auf den Punkt zu bringen, dass du sympathisch und kompetent bist bzw. so wirken kannst. In aller Regel ist die Videobewerbung in zwei Phasen aufgeteilt. In der ersten Phase kannst du dich und deine Qualifikation mit eigenen Worten vorstellen, und in der zweiten Phase musst du bestimmte Fragen in einer vorgegebenen Zeit beantworten. Die Fragen sind meist typische Bewerbungsfragen wie z. B. „Was sind deine drei größten Stärken und Schwächen?" oder „Warum sollen wir gerade dich einstellen?".

Es können aber auch ganz überraschende Themen angesprochen oder aber Allgemeinwissen abgefragt werden. Bleibe in jedem Fall natürlich und achte auf entsprechende Kleidung und einen neutralen Hintergrund. Bei fast allen Portalen kannst du entscheiden, ob das Video zum Unternehmen gesendet wird ober ob du es löschen und neu aufzeichnen willst. Zum Einsatz kommt dabei die integrierte Kamera deines Computers bzw. Smartphones oder Tablets. Erst nachdem das Unternehmen dein Video gesichtet hat, wird es bei Interesse mit dir in Kontakt treten und um deine Bewerbungsunterlagen bitten bzw. dich direkt zu einem persönlichen Gespräch einladen.

Manchmal ist entgegen aller technischer und digitaler Möglichkeiten doch eine Bewerbung auf dem Postweg vom Unternehmen gewünscht. Meist sind dies öffentliche Arbeitgeber wie Behörden, die den klassischen Weg bevorzugen oder noch nicht den Prozess der digitalen Transformation durchlaufen haben. Das ist nicht unbedingt ein Hinweis darauf, dass ein Arbeitgeber altbacken und wenig modern ist – es ist dann einfach nur der Weg seiner Wahl. Achte in dem Fall einfach darauf, dass du dir eine schicke Bewerbungsmappe mit einem passenden Versandumschlag besorgst. Hefte deine Unterlagen in der Reihenfolge Deckblatt, Anschreiben, Motivationsschreiben, Lebenslauf, Zeugnisse darin ab und achte darauf, dass alles ordentlich und knitterfrei verpackt ist. Du kannst die Empfängeradresse mit deiner schönsten Schönschrift darauf schreiben – oder noch besser ein selbstklebendes Etikett ausdrucken und anbringen. Wichtig ist natürlich die ausreichende Frankierung – der Portokalkulator im Internet hilft dir dabei. Füge auch hier ein kleines Anschreiben hinzu – orientiere dich beim Texten des Schreibens einfach an den o. g. Tipps für den Versand per E-Mail. Schön ist es, wenn dieses Anschreiben das gleiche Design – sprich: Briefkopf, Schriftart etc. – hat wie die anderen Unterlagen.

Tipp
Überprüfe deine Bewerbung vor dem Versand bzw. Upload lieber einmal zu oft auf eventuelle Schreibfehler. Lasse ggf. jemanden Korrektur lesen.

2.8   Checkliste für die schriftliche Bewerbung

Im Folgenden findest du in kompakter und zusammengefasster Form die wichtigsten und formal zu beachtenden Punkte als Checkliste zusammengefasst:

○ Deckblatt gestalten (ggf. Claim formulieren)
○ Name, Berufsbezeichnung, Kontaktdaten, ggf. Referenznummer der Stellenanzeige
○ Foto
○ Anschreiben formulieren (auf Passung achten)
○ Motivationsschreiben
○ Kompetenzprofil
○ Lückenloser Lebenslauf
○ Zeugnisse scannen
○ Design gestalten
○ Schriftart aussuchen und in allen Dokumenten angleichen
○ Nochmals alle Tipps in den Infokästen lesen und beherzigen
○ Alle Dateien einzeln sowie als zusammengefügte PDF-Datei speichern
○ Vor dem Versand auf Fehler überprüfen
○ Seriöse E-Mail-Adresse verwenden

Tipp
Versuche mit deiner Bewerbung alle möglichen Fragen zu beantworten, die der Leser haben könnte. Es darf beim Lesen kein Fragezeichen aufgrund von Unschlüssigkeit oder Logikfehlern entstehen.

Beispiel-Bewerbungen 3

Lies dir bitte die folgenden Bewerbungen aufmerksam durch. Weil eine Bewerbung eben nur so gut ist wie ihre Passung zur Ausschreibung, findest du auch die entsprechende Stellenausschreibung zu jeder Bewerbung. Lege deinen Fokus auf folgende Fragen:

- Was ist dein erster Eindruck?
- Werden Sympathie und Kompetenz vermittelt? Und wenn ja, wie?
- Welches Bild hast du von dieser Person ganz allgemein?
- Wie hoch ist die Passung zur Stellenausschreibung?
- Was würdest du anstelle des Bewerbers intuitiv anders machen?
- Was gefällt dir so gut, dass du es für deine eigene Bewerbung übernehmen würdest?
- Was würdest du auf keinen Fall übernehmen?
- Welches der unterschiedlichen Designs gefällt dir am besten?
- Vergleiche diese Bewerbungen im Hinblick auf Aufbau und Funktion mit einem Fachbuch. Wenn du der Lektor des Fachbuches wärst, welches positive und negative Feedback würdest du dem Autor geben?

Diese Bewerbungen sind echt und haben den Bewerber – neben einem gut verlaufenen Vorstellungsgespräch – erfolgreich zum Ziel geführt. Sie entstanden im Coaching nach einem ausführlichen Check-up-Gespräch, bei dem der Lebenslauf des Bewerbers ausführlich analysiert und auf Potenziale hin untersucht wurde – also mit der Hilfe, der Expertise, der Erfahrung sowie der Beratung des Autors. Einige Angaben in der Stellenausschreibung sowie in der Vita, beispielsweise Namen, Jahresangaben und Studienorte, wurden zur Wahrung der Anonymität geändert.

© Springer-Verlag GmbH Deutschland, ein Teil von Springer Nature 2019   49
M. Sutoris, *Der Bewerbungs-Coach*, https://doi.org/10.1007/978-3-662-59458-2_3

3.1   Bewerbung eines Finanzmanagers als Junior Produktmanager

Siehe Abb. 3.1.

Analyse der Bewerbung

Junior Produktmanager – wir suchen dich!

Musterfirma Finanzportal GmbH

Wir sind ein junges, innovatives und schnell wachsendes Start-up in der Fintech-Szene der Trendstadt Berlin. Unsere Aufgabe ist es, Finanzprodukte zu bewerben und einen fairen sowie tagesaktuellen Vergleich der besten Fonds und Anlagemöglichkeiten zu bieten – online und mobil. Zudem entwickeln wir für unsere Kunden und Nutzer individuelle Strategien zur Vermögensbildung und werden dabei hohen Qualitätsstandards gerecht.

Deine Aufgaben:

- Du entwickelst in enger Abstimmung mit der Vertriebsleitung und dem Controlling Produkte für unsere Kunden.
- Du treibst das Marketing in sämtlichen Kanälen für unsere Online-Marke aktiv voran.
- Du hältst engen Kontakt zu unseren Kooperationspartnern in Banken und Versicherungen.
- Du optimierst maßgeblich unsere mobilen Lösungen für unsere Nutzer.

Dein Profil:

- Du lebst die Themen Fintech, Wirtschaft und Börse und bringst ein entsprechendes Studium mit.
- Du verfügst über mindestens 3 Jahre Berufserfahrung in vergleichbaren Aufgaben.
- Du bist absolut versiert im Umgang mit dem MS-Office-Paket und sprichst fließend Englisch.
- Du bist ein guter Analytiker, bringst Kreativität mit, denkst strategisch und möchtest den Erfolg eines dynamischen Start-ups mit flachen Hierarchien maßgeblich mitgestalten.

Bitte sende deine aussagekräftige Bewerbung mit deiner Gehaltsvorstellung bis zum … per Mail an Max Mustermann.

Die erste Beispiel-Bewerbung dreht sich um die Themen Keywords und Passung. In der folgenden Tabelle siehst du, welche Keywords der Bewerber in diesem Beispiel markiert hat und wie sich diese Begriffe im Anschreiben wiederfinden:

B E W E R B U N G

als Junior Produktmanager

Vorname Nachname

M.A. Business Administration

Schwerpunkte: Cross-Media-Marketing & Virtual Brands

2 Jahre Erfahrung in Marketing & Vertrieb

perfekte Englischkenntnisse

Handynr. _ vorname.nachname@mailadresse.de

Beispielweg 11 _ 13579 Berlin

Abb. 3.1   Bewerbung eines Finanzmanagers als Junior Produktmanager

Vorname Nachname

Beispielweg 11 _ 13579 Berlin

Handynr. _ vorname.nachname@mailadresse.de

Musterfirma Finanzportal GmbH

Max Mustermann

Musterstraße 33

12345 Berlin

Berlin, 1.8.2019

Bewerbung für die Stelle „Junior Produktmanager "

Sehr geehrter Herr Mustermann,

als ich von der Vakanz des Junior Produktmanagers bei der Musterfirma Finanzportal GmbH erfahren habe, durchbrach mein Puls die 10.000 Punkte-Marke. Ich würde mich sehr freuen, wenn auch Sie sich eine Zusammenarbeit mit mir vorstellen können. Denn die Aufgaben des Produktmanagers sind wie für mich geschaffen. Aufgrund meiner Affinität zu Wirtschafts- und Börsenthemen sowie aufgrund meiner Erfahrung in Cross-Media-Marketing bringe ich für diesen Traumjob eine außerordentliche Motivation und Kompetenz mit. Zudem bin ich selbst seit zwei Jahren Nutzer Ihrer Plattform. Darüber hinaus reizt mich die Möglichkeit in einem noch jungen und wachsenden Unternehmen mitzugestalten und am Wachstum des Erfolgs mitzuarbeiten.

Als Master of Arts in Business Administration bringe ich das notwendige Know-how für die erfolgreiche Umsetzung meiner Aufgaben mit. Meine Schwerpunkte im Master-Studium waren Cross-Media-Marketing und Virtual Brands, im Bachelor-Studium waren dies Marketing und Controlling. Berufserfahrungen sammelte ich nicht nur im Rahmen einer kaufmännischen Ausbildung sondern vor allem im Vertrieb und Marketing in den Branchen Finanzen und Versicherungen. Darüber hinaus kann ich Auslands-, Team- und Projekterfahrungen sowie perfekte Englischkenntnisse einbringen.

Durch meine Ausbildungen, Berufs- und Lebenserfahrungen sind mir Themen wie E-Commerce, Paid-Services, Conversions bestens vertraut und absolut mein Spezialgebiet. Meine Persönlichkeit würde zu einem Unternehmen, dass neben seiner Wirtschaftsidentität auch Kreativität, Teamgeist, Innovation und hohe Qualitätsansprüche lebt, ausgesprochen gut passen. Es wäre mir eine Freude, die mobile Ansprache der Nutzer der Musterfirma Finanzportal GmbH strategisch und vertrieblich weiter zu entwickeln und immer an den Bedürfnissen der Kunden orientiert zu optimieren. Verfügbar bin ich ab sofort. Meine Gehaltsvorstellung beträgt im Verhältnis der Aufgaben und meines Profils 47.000. Euro.

Mit freundlichem Gruß,

Unterschrift-Scan

Vorname Nachname

Abb. 3.1 (Fortsetzung)

Vorname Nachname
Beispielweg 11 _ 13579 Berlin
Handynr. _ vorname.nachname@mailadresse.de

LEBENSLAUF

Persönliche Daten

Geburtsdaten:	19.1.1994 in Musterdorf
Familienstand:	ledig
Nationalität:	Deutsch

Qualifikationen & Bildung

10.2017 – 07.2019   **Master-Studium Finanzmanagement**, Name & Ort Universität
Schwerpunkte: Cross-Media-Marketing _ Virtual Brands im Finanzwesen
Abschluss M.A. Business Administration _ Note: 2,1

10.2014 – 08.2017   **Bachelor-Studium Finanzmanagement**, Name & Ort Universität
Schwerpunkte: Marketing _ Controlling
Auslandssemester: University of London, 2015
Abschluss B.A. Business Administration _ Note: 2,1

08.2004 – 06.2012   **Abitur** am Mustergymnasium, Berlin
Leistungskurse: Mathematik _ Englisch

Berufserfahrung

01.2018 – 04.2018   3,5 monatiges **Praktikum im Finanzvertrieb**, ABC-Finanz GmbH, Hamburg
- Vertriebsassistenz
- Projektmitarbeit im Controlling

09.2012 – 08.2014   abgeschlossene **Ausbildung als Versicherungskaufmann**
Versicherung GmbH, Berlin
- Marketing & Vertrieb von Versicherungs- und Finanzprodukten
- Office-Management

Sonstiges

Sprachen   Deutsch: Muttersprache
Englisch: verhandlungssicher in Wort und Schrift
Spanisch: Grundkenntnisse

Digital   Microsoft-Office: gute Anwenderkenntnisse
Star-Finanz-Control-Software: Grundkenntnisse

Führerschein   Klasse B

Interessen   Finanzthemen, Sport, Start Ups

Abb. 3.1 (Fortsetzung)

Keywords	Anschreiben
Wirtschaft, Börse	Affinität zu Wirtschafts- und Börsenthemen, E-Commerce, Paid-Service, Conversions
Entsprechendes Studium	Master of Arts in Business Administration, Bachelor-Studium (im Lebenslauf genauer benannt)
4 Jahre Berufserfahrung	Kaufmännische Ausbildung und Praktikum (d. h. eigentlich nur knapp über 2 Jahre vorzuweisen)
Vergleichbare Aufgaben und Marketing	Berufserfahrung im Vertrieb und Marketing
Fließend Englisch	Perfekte Englischkenntnisse (im Lebenslauf belegt durch Auslandsaufenthalt)
Kreativität … strategisch … mitgestalten … entwickeln	An verschiedenen Stellen
Hohe Qualitätsstandards	Hohe Qualitätsansprüche
Controlling	Controlling als Schwerpunkt im Studium
Kanäle für unsere Online-Marke	Cross-Media-Marketing und Virtual Brands
Banken und Versicherungen	Banken und Versicherungen
Mobile Lösungen	Mobile Ansprache der Nutzer
Guter Analytiker	Keine Stellungnahme – Fehlanzeige!
Versiert … MS-Office	Keine Stellungnahme – Fehlanzeige!
Start-up	Verweis im Lebenslauf unter „Sonstiges/ Interessen"

Die Anforderungen „guter Analytiker" und „MS-Office-Paket" konnte dieser Bewerber nicht erfüllen. Darum hat er diese Keywords im Anschreiben einfach ausgelassen und gar nicht erst angesprochen. Selbst seine eher durchschnittlichen MS-Office-Kenntnisse hat der Kandidat im Lebenslauf als „gute Anwenderkenntnisse" kaschiert.

Seine Passung beträgt – obwohl theoretisch sogar über ein Jahr an Berufserfahrung fehlt – etwa 80–90 %. Hierbei soll deutlich werden, dass es kaum möglich ist zu sagen, ob eine Bewerbung einfach nur gut oder schlecht ist. Es geht tatsächlich um Passung, Sympathie und Kompetenz. Alle drei Anforderungen sind hier hervorragend abgedeckt: Passung ergibt sich durch das hohe Keyword-Matching: Sympathie konnte durch den ersten Satz sowie durch ein schlichtes, klares Design vermittelt werden; Kompetenz wurde durch Begriffe wie „Master of Arts", „Studienschwerpunkt", „Berufserfahrung" und „Know-how" angedeutet. Ein Motivationsschreiben wurde in der Ausschreibung nicht gefordert. Durch die hohe Passgenauigkeit ist dieses eigentlich auch nicht unbedingt notwendig. Der einzige Grund, der dafürsprechen könnte, ist, die im Anschreiben genannte „außerordentliche Motivation" genauer zu erläutern. Letztendlich hat dieser Bewerber nicht nur die Einladung zum Vorstellungsgespräch, sondern kurz darauf auch die Zusage für diesen Job erhalten.

Nun denke bitte nochmals daran, dass die Bewerbungsunterlagen Verkaufsaspekte berücksichtigen sollen. Sieh dir daher nochmals genau das Deckblatt an und gleiche es mit dem Anschreiben ab. Dir wird auffallen, dass der Bewerber unter dem Foto ein kurzes Kompetenzprofil platziert hat. Damit deckt er schon mal erste Keywords ab und zeigt sich interessant – das Bedürfnis des Lesers wird mit diesem Eyecatcher direkt und ohne Zurückhaltung forciert angesprochen. Auch wenn die Angabe „2 Jahre Erfahrung in Marketing und Vertrieb" sich letztendlich nur auf eine Ausbildung und auf ein Praktikum beziehen, so ist dies eine geschickte Umschreibung einer Tatsache, die ja eigentlich doch wiederum wahr ist – oder etwa nicht? Verkaufsaspekte zu berücksichtigen, heißt in diesem Sinne manchmal, Tatsachen konstruktiv im positiven Licht darzustellen. Ein kleines Schmunzeln ist daraufhin erlaubt – wenn es denn sympathisch und kompetent ist.

Zur vollständigen Bewerbung gehören nun noch Anhänge dazu. Dieser Kandidat hat entsprechend seiner Vita die folgenden einseitigen Zeugnisse beigefügt:

- Kopie der Master-Urkunde
- Notenübersicht Master
- Kopie der Bachelor-Urkunde
- Notenübersicht Bachelor
- Arbeitszeugnis des Praktikums
- Arbeitszeugnis der Ausbildung

Addiert man nun noch das Deckblatt, das Anschreiben und den Lebenslauf hinzu, so hat diese Bewerbung einen Umfang von neun Seiten. Das ist relativ viel – für vergleichsweise überschaubare Berufserfahrungen. Und es ist noch nicht einmal ein Motivationsschreiben mit dabei. Das Abiturzeugnis wurde mangels Strahlkraft der Abschlussnote schlicht weggelassen.

Dieser Bewerber verfügt noch über zusätzliche Berufserfahrungen und Interessen, die er hier nicht nennen wollte: Die Tätigkeit als Barkeeper in einem Club während des Bachelor-Studiums oder sein Faible für einen gewissen Partystil hat er zielführend ausgeklammert.

3.2 Bewerbung eines Physikers als Consultant

Siehe Abb. 3.2.

Analyse der Bewerbung

Mathematiker/Informatiker/Physiker/Naturwissenschaftler

Consulting Büro AG – Berlin, Düsseldorf, Frankfurt, Hamburg, München, Stuttgart, Zürich

Als wachstumsstarke Unternehmensberatung gestalten wir mit mehr als 200 Mitarbeitern die IT führender Industrieunternehmen. Als zuverlässiger Partner schaffen wir für unsere Kunden in ganz Europa deren Business von morgen.

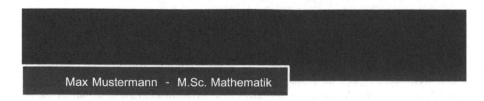

Max Mustermann - M.Sc. Mathematik

B E W E R B U N G

als Consultant

Handynr. _ vorname.nachname@mailadresse.de

Beispielweg 11 _ 13579 Berlin

Abb. 3.2   Bewerbung eines Physikers als Consultant

Max Mustermann - M.Sc. Mathematik

Bewerbung als Consultant

2.9.2020

Sehr geehrter Herr Prüfmann,

Sie schreiben eine sehr motivierende Position aus, die Analysefähigkeit, Interesse für Innovation, Beratungskompetenz sowie IT-Affinität fordert. Als Mathematiker kann ich mich mit diesen Begriffen voll identifizieren. Eine abwechslungsreiche und herausfordernde Beratungstätigkeit ist genau das, was ich mir für meinen ersten Karriereschritt wünsche.

Ich denke, dass ich für diese Aufgabe sehr gut geeignet bin, denn durch mein über-durchschnittlich erfolgreiches Studium der Mathematik an der LMU in München habe ich es gelernt in hohem Maße analytisch zu denken. Das schnelle Verstehen komplexer Zusammen-hänge und diese lösungsorientiert fortzuführen habe ich als Tutor und Nachhilfelehrer verinnerlicht. Um meine kommunikativen Fähigkeiten im Sinne einer Beratungskompetenz zu schulen, besuchte ich begeistert Kommunikations-Seminare an meiner Universität.

Darüber hinaus interessiere ich mich sehr für das Thema Innovation. So belegte ich ein Seminar in Entrepreneurship und betreute als App-Entwickler ein Start-Up-Projekt. Als Werkstudent durfte ich zudem Einblicke in die IT eines Großkonzerns gewinnen. Durch meinen Informatik-Schwerpunkt im Master-Studium konnte ich es mir angeeignet, technische IT-Herausforderungen in C++ oder Java ergebnisorientiert zu meistern.

Neben einer großen Begeisterung für die ausgeschriebenen Aufgaben bringe ich durch zahlreiche Reisen erprobte und verhandlungssichere Englischkenntnisse mit. Ich bin ab sofort verfügbar und freue mich darauf, Ihr Unternehmen persönlich kennenzulernen.

Mit freundlichem Gruß,

Vorname Nachname

Handynr. _ vorname.nachname@mailadresse.de
Beispielweg 11 _ 13579 Berlin

Abb. 3.2 (Fortsetzung)

Max Mustermann   -   M.Sc. Mathematik

MOTIVATIONSSCHREIBEN

Die Aufgabe als Berater fasziniert mich voll und ganz. Denn als erfolgreich absolvierter Mathematiker ist analytische Problemlösung genau mein Thema. Hierbei kann ich meine Kernkompetenzen zielgerichtet einsetzen. Durch meine Erfahrungen als Tutor, App-Entwickler eines Start-Ups und Mitarbeiter in der IT eines großen Unternehmens habe ich ein umfangreiches Verständnis für die Begriffe Innovation, Geschäftsmodellentwicklung, Projektmanagement und Beratung entwickelt. Dabei musste ich stets für andere und mit anderen ergebnisorientiert denken – dies hat mich mit großer Freude erfüllt. Wenn ich somit mein Know-how für Ihre Kunden einsetzen darf und weiterentwickeln kann, haben Sie einen neuen Mitarbeiter, der seinen Traumjob gefunden hat.

KOMPETENZPROFIL

- Kernkompetenzen: Mathematik und IT
- Erfahrungen: Großkonzern und Start-Up; Wissensvermittlung und Programmierung
- Soft Skills: analytische & lösungsorientierte Denkweise, Zielstrebigkeit, Kommunikation

Handynr. _ vorname.nachname@mailadresse.de
Beispielweg 11 _ 13579 Berlin

Abb. 3.2   (Fortsetzung)

Max Mustermann - M.Sc. Mathematik

PERSÖNLICH

Geburtstag: 6. September 1996, Starnberg

Familienstand: verheiratet, 1 Kind (Jg. 2019)

STUDIUM & SCHULE

2017 – 2020	Abschluss in Mathematik: Master of Science; LMU München
	Schwerpunkt Informatik, Benotung 2,0
2014 – 2017	Abschluss in Mathematik: Bachelor of Science; LMU München
	Schwerpunkt Wirtschaftsmathematik, Benotung 1,7
2006 – 2014	Abitur, ABC Gymnasium, Starnberg
	Leistungskurse Mathematik & Physik, Benotung 1,5

BERUFLICHE ERFAHRUNGEN

2018 – 2019	6-monatige Tätigkeit als Werkstudent, IT-Abteilung, Stadtwerke Starnberg
2017 – 2017	Begleitung eines Start-Up-Projekts, Programmierung einer App
2016 – 2017	tutorielle und fachliche Betreuung der 1. Semester in Analysis, LMU München
2013 – 2015	Mathematik-Nachhilfe für Oberstufenschüler/innen, Starnberg

KOMPETENZEN

EDV	sehr gute Kenntnisse in C++ und Java
	gute Kenntnisse in MS-Office
Sprachen	Deutsch: Muttersprache
	Englisch: verhandlungssicher
	Französisch: Grundkenntnisse
Soft Skills	Teilnahme an Kursen in Rhetorik, Präsentation und Kommunikation
	am Career Center der LMU München
Interessen	Reisen, Fotografie, Technik

Handynr. _ vorname.nachname@mailadresse.de

Beispielweg 11 _ 13579 Berlin

Abb. 3.2 (Fortsetzung)

Deine Themen:

- Du möchtest an analytischen Problemen arbeiten und spürbare Veränderung gestalten? Nach dem Abschluss deiner Promotion oder deines Masters steigst du bei uns als Senior Consultant ein. Mit einer passenden Projektauswahl und einem Mentoring-Programm erhältst du *on the job* das erforderliche Wissen.

Du arbeitest typischerweise an Themen wie:

- Strategische Geschäftsmodelle zur Effizienzoptimierung und Innovation gemeinsam mit Entscheidern beim Kunden entwickeln
- Technische Herausforderungen analysieren und Lösungen erarbeiten
- Im Projektmanagement erste Steuerungsaufgaben in der IT-Transformation übernehmen

Dein Profil:

- Überdurchschnittlicher Hochschulabschluss in einem naturwissenschaftlichen Fach
- Interesse an strategischen Fragestellungen großer Industriekonzerne
- Analytische Denkweise, hohes Abstraktionsvermögen, Teamgeist, verhandlungssichere Englischkenntnisse

Passt dieses Profil zu dir? Dann sende deine Bewerbung und dein Motivationsschreiben über „jetzt bewerben" an unser Online-Bewerberformular.

Hier geht es darum zu verstehen, wen oder was genau der Arbeitgeber sucht. Diese Ausschreibung klingt sehr offen und modern, und es wird nur sehr vage deutlich, welches Profil von einem Bewerber verlangt wird. Überhaupt nicht spezifiziert ist, wie viel Berufserfahrung vorhanden sein sollte oder welches Studium letztendlich ausschlaggebend ist. Diese Angabe wäre für den potenziellen Bewerber aber sehr wichtig. Ein guter Abschluss in einem naturwissenschaftlichen Fach sowie der Wille, „an analytischen Problemen zu arbeiten und spürbare Veränderung zu gestalten", reichen möglicherweise schon aus.

Der Einstieg erfolgt direkt als Senior Consultant. Das bedeutet normalerweise, dass man Projekt-, Budget- bzw. auch Personalverantwortung sowie Entscheidungsspielräume übertragen bekommt. Es ist kaum zu glauben, dass ein renommiertes Unternehmen diese Kompetenzen einem Bewerber ohne Berufserfahrung zuspricht. Denn die Vorstufe des Senior Consultant wäre die Bezeichnung Junior Consultant, und das wiederum ist verbunden mit einer gewissen Einarbeitungsphase.

Ist diese Ausschreibung daher wirklich seriös – kann sie den passenden Bewerber überhaupt ausfindig machen? Oder klingt das eher so, als müsste die Berufserfahrung selbstredend vorhanden sein, ohne dass dies explizit genannt werden muss? Aber der Text spricht den potenziellen Bewerber direkt mit „Du" an, als sei ein junger Absolvent gemeint – wie passt das alles zusammen?

Es wird hier eigentlich nur klar, dass es sich um eine Unternehmensberatung handelt, die Lösungen in den Bereichen IT und Strategie für große Industrieunternehmen entwickelt, und dass der zukünftige Mitarbeiter schnell internationale Projekterfahrung übernehmen und Kontakt zu Wirtschaftsbossen höherer Etagen haben und dies aufgrund irgendwelcher naturwissenschaftlicher Kenntnisse sicherlich irgendwie schaffen wird. Und doch existieren in allen Branchen nahezu unzählige dieser offen formulierten Stellenausschreibungen.

Die Herausforderung ist es zu verstehen, was sich der Arbeitgeber erhofft und wie man genau das unter der Maxime der Passung in der Bewerbung kommuniziert. Auch hier führt der Weg wieder über die Keyword-Analyse und eine entsprechende Bezugnahme zum eigenen Lebenslauf.

Klickt man nun auf der Unternehmenswebsite auf den Button „jetzt bewerben", muss man nach der obligatorischen Registrierung händisch noch folgende Informationen eintippen und einige Dateien hochladen:

- Kontaktdaten & Persönliche Daten
- Mathe- & Informatiknoten in Schule und Uni
- Bevorzugter Standort
- Name(n) der Universität(en)
- Schwerpunkte & Noten von Bachelor- bzw. Master-Studium
- Anzahl der Jahre an Berufserfahrung und Angabe der Branche
- Upload: Anschreiben, CV, Abschluss-, Arbeitszeugnisse in einer Datei max. 6 MB

Also doch: Die Anzahl der Berufsjahre wird nun endlich abgefragt. Hier muss zudem der Bewerbungsaufwand nahezu doppelt geleistet werden, indem man seine Eckdaten per Hand eintippt und dann noch die üblichen Unterlagen ausgearbeitet per Upload zur Verfügung stellt.

Keywords	Anschreiben
Unternehmensberatung	Nachhilfe- und Tutorentätigkeit im Sinne von „beraten"
Ganz Europa	Verhandlungssicheres Englisch (im Lebenslauf auch Vorliebe für Reisen benannt sowie Angabe einer weiteren Fremdsprache)
Analytische Probleme	Ausgeprägte Analysefähigkeit, belegt durch gute Abschlussnote
Strategische Geschäftsmodelle	Seminar an der Uni zum Thema Entrepreneurship besucht, an einem Start-up-Projekt mitgewirkt
Technische Herausforderungen	Schwerpunkt Informatik an der Uni
IT	Seminare an der Uni und Nennung der Softwarekenntnisse
Überdurchschnittlicher Abschluss, Naturwissenschaft	Name von Universität und Studiengang
Projektmanagement bzw. große Industriekonzerne	6 Monate Werkstudent in einem Großkonzern
Effizienzoptimierung	Keine Stellungnahme – keine Ahnung, was genau gemeint ist und wie man das nachweisen könnte
Entscheider	Keine Stellungnahme – bislang kaum Kontakt mit Wirtschaftsbossen gehabt

Keywords	Anschreiben
IT-Transformation	Keine Stellungnahme – IT-Grundkenntnisse sind vorhanden, aber Transformation ganzer Unternehmen … der Respekt davor überwiegt, daher lieber keine Bezugnahme

In der Ausschreibung ist kein Name eines Ansprechpartners genannt. Es wäre natürlich schöner, wenn man in der Anrede des Anschreibens eine Person ansprechen könnte. Geht das nun mal nicht, hilft ein Blick auf die Unternehmenswebsite. Dort findet sich als Head of Recruiting ein Herr Prüfmann – dieser Name wird dann ins Anschreiben übernommen.

Wie gewünscht hat dieser Bewerber ein Motivationsschreiben erstellt. Dadurch hat er die Möglichkeit, zusätzliche Argumente für sich zu nennen oder bereits in Vita und Anschreiben Genanntes forciert auf den Punkt zu bringen. In diesem Beispiel wird einerseits mit einer lebendigen Wortwahl (z. B. „fasziniert", „Freude", „Traumjob") gearbeitet und andererseits auf den Punkt gebracht, dass sein Profil zu einem Beratungsjob sehr gut passt. Darüber hinaus erstellt der Bewerber ein kurzes Kompetenzprofil. Er zeigt dabei direkt, dass er analytisch denken kann, indem er die Kompetenzen nach drei Bereichen – Kernkompetenzen, Erfahrungen, Soft Skills – systematisiert ordnet. Die dann genannten Begriffe haben einen direkten Bezug zur Keyword-Analyse.

Zu einer vollständigen Bewerbung gehören nun noch die Kopien relevanter Zeugnisse. In diesem Fall sind das: Bachelor-Zeugnis, Master-Zeugnis, Arbeitszeugnis der Stadtwerke, Arbeitszeugnis Start Up, Arbeitszeugnis Universität.

Auch diese Bewerbung war ein Ticket ins Vorstellungsgespräch. Das Anschreiben ist eher knapp ausgefallen, zielt aber durch die Keyword-Analyse genau auf den Bedarf des Unternehmens und hat eine hohe Informationsdichte. Dem Bewerber wurden neben fachlichen Fragen auch Rückfragen zu seiner Vita gestellt. Dem Unternehmen fiel auf, dass die Zeitangaben nur aus Jahreszahlen bestanden. Der Kandidat wollte kaschieren, dass manche Zeiträume nur drei bis vier Monate dauerten. Weil diese Dauer jedoch über einen Jahreswechsel ging, konnte er in der Vita ein vermeintliches Plus an Erfahrung „erzeugen". Die Rückfrage nach der genauen Dauer hat er elegant umschifft, indem er ausschließlich zu seinen jeweils ausgeführten Tätigkeiten Bezug genommen hat, und das wiederum wirkte sehr glaubwürdig.

Eine weitere Rückfrage bezog sich auf die leicht überschrittene Dauer des Master-Studiums. Dies konnte ganz einfach durch die Geburt des Kindes geklärt werden, denn für eine (kurze) Familienpause hat normalerweise jeder seriöse Arbeitgeber vollstes Verständnis.

Zudem wird deutlich, dass dieser Bewerber seine sehr guten Benotungen genannt hat. Dies wurde ebenfalls angesprochen und direkt mit einem kurzen, anerkennenden Lob kommentiert.

Interessanterweise hat der Bewerber nicht genau den ausgeschriebenen Job als Senior Consultant bekommen.

Das Feedback nach dem Vorstellungsgespräch ergab, dass dem Unternehmen noch etwa zwei bis drei Jahre relevante Berufserfahrung für diese Position fehlten. Weil das Profil des Kandidaten aber sehr gut zu den Anforderungen passt und er einen sehr positiven Eindruck hinterlassen hat, wurde ihm letztendlich eine Stelle als Junior Consultant angeboten. Und dieses Angebot hat er natürlich dankend angenommen. Er wurde sehr glücklich damit und hat vor allem durch die Einarbeitungsphase, das sog. Mentoring, viel mitgenommen, sodass er sich auf dem besten Wege zu einer Beförderung zum Senior befindet. Auch so kann es kommen!

3.3 Bewerbung einer promovierten Agrarwissenschaftlerin als Referentin

Siehe Abb. 3.3.

Analyse der Bewerbung

Stellenangebot – Referentin/Referent – Kennziffer 123 – Dienstort Berlin

Bundesministerium für Wissenschaften (BuMiWi)

Das BuMiWi kümmert sich um wissenschaftliche Anliegen in den Einsatzfeldern Naturschutz, Agrarwirtschaft, Forschung und Lebensmittelschutz. Wir sind zugleich Dienstleister und Kontrollbehörde. Unsere zentralen Aufgaben sind zukunftsorientierte Forschung, Information der Bürgerinnen und Bürger sowie die Durchführung von EU-Projekten. Im Referat 111Z – Forschung und Innovation – ist ab sofort die Stelle einer/eines Referentin/Referenten in der Stabsstelle für nachhaltigen Pflanzenschutz zu besetzen. Die Stelle ist auf 24 Monate befristet – eine Verlängerung wird angestrebt. Die Eingruppierung erfolgt in die Entgeltgruppe 13 TVöD des Bundes.

Was Sie erwartet:

- Prüfung und Bewertung von Förderanträgen
- Beratung deutscher und europäischer Antragsteller im Kontext der Förderbedingungen
- Fachliche und administrative Begleitung von laufenden Projekten
- Dokumentation und Evaluierung von Projektergebnissen
- Organisation und Leitung von Fachgesprächen und Seminaren mit Vertreterinnen und Vertretern aus Politik, Wirtschaft und Wissenschaft
- Durchführung von Gutachtersitzungen
- Kommunikation mit den anderen Referaten

Was Sie mitbringen:

- Abgeschlossenes Hochschulstudium (Diplom oder Master), vorzugsweise mit Promotion, in Agrarwissenschaften oder Lebensmitteltechnik bzw. mit vergleichbaren naturwissenschaftlichen Inhalten

Dr. Vorname Nachname
Handynr.   Beispielweg 11
vorname.nachname@mailadresse.de   13579 Berlin

BEWERBUNG

als Referentin

Stabsstelle Pflanzenschutz im BuMiWi Berlin

Kennziffer 123

Das biete ich Ihnen:

- Ph.D. zum Thema Zucht von Kulturpflanzen
- Masterabschluss in Agrarwissenschaften
- internationale Forschungs- & Berufserfahrung
- sicherer Umgang mit MS Office sowie mit spezieller Forschungs-Software
- mehrsprachig
- hohe Motivation, Lern- und Leistungsfähigkeit
- Qualität, Zuverlässigkeit, Belastbarkeit und Teamfähigkeit

Abb. 3.3 Bewerbung einer promovierten Agrarwissenschaftlerin als Referentin

Dr. Vorname Nachname

Handynr.

vorname.nachname@mailadresse.de

Beispielweg 11

13579 Berlin

Bundesministerium für Wissenschaften
Hauptstr. 111
55000 Bonn

Berlin, 10. Juni 2020

Bewerbung als Referentin, Stabstelle Pflanzenschutz
Kennziffer 123

Sehr geehrte Damen und Herren,

Sie suchen eine erfahrene, teamorientierte Wissenschaftlerin mit übergreifenden, aktuellen Fachkenntnissen, mit der Fähigkeit interdisziplinär sowie auf internationaler Ebene mit ausländischen Forscherinnen und Forschern zu arbeiten. Dieses Anforderungsprofil decke ich sehr gut ab. Schon seit dem Studienbeginn interessiere ich mich besonders für die Gestaltung eines zukunftsträchtigen und nachhaltigen Pflanzenschutzes in Forschung und Entwicklung.

Bis Ende Mai 2020 forschte ich vier Jahre als Postdoktorandin im Bereich Präzisionslandwirtschaft und Phänotypisierung in der Gruppe Nutzpflanzenwissenschaften an der Eidgenössischen Technischen Hochschule Zürich. Die Verbesserung der Nachhaltigkeit der landwirtschaftlichen Produktionssysteme stellte dabei stets das wesentliche Ziel meiner Arbeit dar. Im Rahmen des EU-Projekts Flourish, das sich mit Robotern in der Präzisionslandwirtschaft befasst, veranstaltete ich mehrere Seminare für internationale Forscherteams. Dabei konnte ich Erfahrung im Forschungsmanagement und in der Mittelakquise gewinnen sowie mein Geschick im Umgang mit internationalen Forscherkollegen/innen zeigen. In meiner Feldforschung erforschte ich gemeinsam mit den von mir betreuten Studierenden das Wachstum von Kulturpflanzen, um die Interaktion der Pflanzen mit ihrer Umwelt besser zu verstehen, das Management der Kulturen bedarfsorientiert zu gestalten und nicht zuletzt auch die Züchtung zu fördern. Die Ergebnisse meiner Forschungen flossen in die Arbeit und Richtliniengestaltung des Ministeriums für Naturschutz der Schweiz ein. Die Beratung der Politiker und Wirtschaftswissenschaftler leitete federführend mein Team.

Aufgrund meiner Erfahrung in sowie meiner Leidenschaft für mein Fachgebiet, und weil ich mein Wissen und meine Fähigkeiten in den Dienst für eine umweltfreundliche, nachhaltige Entwicklung des Forschungsstandorts Deutschland bzw. Europa stellen möchte, stellt eine Anstellung als Referentin im BuMiWi im genannten facettenreichen Themenfeld eine äußerst attraktive Perspektive für mich dar.

Ich bin für einen Einstieg zum nächstmöglichen Zeitpunkt verfügbar. Es würde mich sehr freuen, bald von Ihnen zu hören, um mich persönlich bei Ihnen vorstellen zu können.

Mit freundlichen Grüßen

Vorname Nachname

Abb. 3.3 (Fortsetzung)

Dr. Vorname Nachname

Handynr.   Beispielweg 11
vorname.nachname@mailadresse.de   13579 Berlin

LEBENSLAUF

Persönliche Daten

Geburtstag/-ort   5.5.1985 in Köln
Nationalität   Deutsch
Familienstand   ledig

Berufserfahrungen

01/2017-05/2020   Postdoc (EU Project Flourish)
                    ETH Zürich, Institut für Agrar- und Umweltwissenschaften, unter der Leitung von
                    Prof. Dr. Maximus Beispiel)
                    • Forschung: Präzisionslandwirtschaft und Kulturpflanzen
                    • Lehre: Seminarleitung Grundlagen der Präzisionslandwirtschaft sowie
                      Phenotyping
                    • Betreuung von Abschlussarbeiten
                    • Kooperationsmanagement im EU Projekt Flourish
                    • Umfangreiche Vortrags- und Publikationstätigkeit

01/2013-02/2016   Trainee und Wissenschaftliche Mitarbeiterin (PhD-Studentin)
                    Forschungszentrum Jülich, Institut für Bio- und Geowissenschaften
                    Sektion Planzenwissenschaften, Jülich Plant Phenotyping Centre
                    Projekt: pflanzliche Nährstoffaufnahme (DFG-FOR 1320), unter der Leitung von
                    Prof. Dr. Max Mustermann
                    • Forschung: Wurzel-Boden-Interaktion und Phänotypisierung
                    • Entwicklung: Methodenentwicklung und eine Patentanmeldung

07/2012-12/2012   Wissenschaftliche Hilfskraft
                    Rheinische Friedrich-Wilhelms-Universität, Bonn
                    Projekt: Erneuerbare heilpflanzliche Ressourcen

04/2011-10/2011   Werkstudentin, Diplomarbeit
                    Bayer Crop-Science, Institut für Herbizidforschung, Frankfurt a.M.
                    • Entwicklung eines Schnelltest für Herbizidresistenzmanagement

11/2009-11/2010   Studentische Hilfskraft
                    Rheinische Friedrich-Wilhelms-Universität, Bonn
                    Projekt: A.v.H. Stiftung „INRES / Animal Ecology "

04/2008-10-2008   Trainee „Bio Hof " und „Weingut" , Rheinbach
                    Ackerbau, Milchproduktion, Weinernte, Kelterei

Abb. 3.3 (Fortsetzung)

Dr. Vorname Nachname

Handynr.   Beispielweg 11

vorname.nachname@mailadresse.de   13579 Berlin

Studium und Ausbildung

01/2013-12/2016   PhD-Thesis „Beobachtung der Wurzelbodenwechselwirkungen von
                   Kulturpflanzen durch Anwendung neuartiger nicht-invasiver
                   Wurzelphänotypisierungsverfahren"

                   ETH Zürich, Institut für Agrar- und Umweltwissenschaften

                   - sowie -

                   Forschungszentrum Jülich, Institut für Bio- und Geowissenschaften
                   Sektion Planzenwissenschaften, Jülich Plant Phenotyping Centre

10/2005-03/2012   Studium und Abschluss „Agraringenieur "
                   Diplomarbeit „Vergleichende Untersuchungen zum Resistenzmonitoring von
                   Ungräsern am Beispiel von Echinochloa und Leptochloa ", Note 1,0
                   Rheinische Friedrich-Wilhelms-Universität, Bonn

Zivildienst

01/2005 – 07/2005   Pflegeheim „Haus für Ältere Semester ", Köln

Berufliche Kompetenzen

Lehrtätigkeit   ETH Zürich, Institut für Agrar- und Umweltwissenschaften, Seminare:
                     Grundlagen der Präzisionslandwirtschaft sowie Phenotyping;
                     Betreuung zahlreicher Bachelorarbeiten und Übungen;
                     Leitung des Kurses „Wissenschaftliches Arbeiten "

Freilandforschung   Messkampagnen im Rahmen des FIP-Projekts, SEON, Floursih;
                     Wartung und Betrieb eines Bodenfeuchte-Sensor-Netzwerks sowie
                     Bodenprobennahme innerhalb der DFG-FOR1320

Bioinformatik   Bildverarbeitung in der Fernerkundung und Phänotypisierung, VG Studio Max
                     (Röntgen-Tomographie); R-programming, Q-GIS, Statische Analysen

Phänotypisierung   MR-Tomographie, Growscreen-Rhizo, Fernerkundung

Patentanmeldung   „Apparatus and method for the detection of growth process and simultaneous
                     measurement of physical-chemical parameters" (Nr. 24.09.2015; PCT/D······.)

Abb. 3.3 (Fortsetzung)

Dr. Vorname Nachname

Handynr.   Beispielweg 11
vorname.nachname@mailadresse.de   13579 Berlin

Wissenschaftliche Fortbildungen

FIP-Training   03/2018; Spidercam im Einsatz wissenschaftlicher Forschung

BASF-Symposium   10/2016; Teilnahme am int. Forschungssymposium „Pflanzenforschung "

CT-Training   01/2016; Grundlagenschulung

Rhetorik   03/2015: Forschungszentrum Jülich „Wissenschaftliches Schreiben "

ETH-Symposium   06/2015; Teilnahme am int. Forschungssymposium „Plant Science "

Zusatzqualifikationen

Sprachen   Englisch: verhandlungssicher
                      Französisch & Italienisch: Grundlagen

Lizenzen   Führerschein Klasse B, Pflanzenschutzschein

Interessen   Kunst, Gärtnern, Handwerk, Wandern

Vorträge und Publikationen

Vortrag: "Automatic UAV data interpretation for precision farming"   - International conference of
             agricultural engineering, Aarhus Denmark, 2019

Vortrag: "Non-destructive imaging of crop root growth in rhizotrons using electrical impedance
             Tomography" - Int. Congress of the European Soil Science, Bari Italien, 2015 & AGU Fall
             Meeting, San Francisco USA, 2015

Vortrag: "Ein Robotikansatz zur Automatisierung im Kulturpflanzenmanagement " – Hochschule
             Wernigerode im Harz, 2019

Fachbeitrag "Non-destructive measurement in soybean leaf thickness via X-ray computed
             tomography" - Journal of Plant Research, 2020

Fachbeitrag "Evidence of improved water uptake from subsoil" - Field Crops Research, 2019

Fachbeitrag "Artificial pores attract barley roots and can reduce artifacts of pot experiments" - Journal
             of Plant nutrition and Soil Science, 2017

Abb. 3.3 (Fortsetzung)

- Übergreifendes Fachwissen in unseren Einsatzfeldern vor dem Hintergrund der Nachhaltigkeit
- Erfahrungen mit in- und ausländischen Forscher/innen und Institutionen
- Sehr gute Englischkenntnisse
- Kooperationsfähigkeit
- Konzeptionelle Fähigkeit
- Belastbarkeit
- Reisebereitschaft (Führerschein Klasse B ist erforderlich)

Was wir Ihnen bieten:

- Als moderne Behörde mit 1100 Mitarbeiterinnen und Mitarbeitern in ganz Deutschland bietet das BuMiWi vielfältige Einsatzmöglichkeiten. Wir bieten Ihnen ein umfangreiches Fortbildungsangebot, flexible Arbeitszeitmodelle und ermöglichen die Vereinbarkeit von Familie und Beruf.

Bitte senden Sie Ihre aussagekräftigen Bewerbungsunterlagen in deutscher Sprache mit tabellarischem und lückenlosem Lebenslauf, Zeugniskopien sowie aktuellem Führungszeugnis unter Angabe der Kennziffer 123 bis zum 31.7.2020 (es gilt der Eingangsstempel) an unsere Zentrale in Bonn … Bitte bewerben Sie sich auf dem Postweg. Schwerbehinderte Menschen werden bei gleicher Eignung besonders berücksichtigt (SGB IX).

Wie alle anderen Stellenausschreibungen und Bewerbungen ist auch dieses Beispiel verfremdet. Das Bundesministerium für Wissenschaften gibt es nicht – dennoch steckt hinter diesem Beispiel eine reale Person, die mit der Bewerbung eine ganz ähnliche Stelle angetreten hat.

Bevor eine Bewerbung verfasst wird, sollte zunächst immer die Stellenausschreibung an sich genau analysiert werden: Was genau wünscht sich der Arbeitgeber? Passt mein Profil, und wie verdeutliche ich das? Welche Keywords sollten dabei im Fokus stehen? In dieser Anzeige befinden sich einige interessante und erwähnenswerte Punkte.

Zum Beispiel fällt auf, dass die ausschreibende Behörde stets gendert und immer die männliche und weibliche Form benutzt. Das ist nicht nur zeitgemäß und höflich, sondern schlicht eine Vorgabe für öffentliche Einrichtungen. Immer häufiger ist eine andere Gender-Variante zu lesen. Gesucht wird dann beispielsweise ein „Referent (m/w/d)". Dabei wird in der Stellenbeschreibung meist durchgängig die männliche Form genutzt und der Hinweis „m/w/d" steht für „männlich/weiblich/divers".

Der Arbeitgeber bezeichnet sich hier als „moderne Behörde" – doch ist das nicht ein Paradoxon? Allein der Sprachstil und die komplizierten Angaben von der Kennziffer über das spezifische Referat und die Stabsstelle bis hin zum Dienstort lassen eher etwas anderes vermuten. Hier muss man sich letztendlich überraschen lassen und hoffen, dass der Begriff „modern" nicht allzu relativ gemeint ist.

Aufpassen sollte man beim Versand der Unterlagen, denn obwohl der Dienstort in Berlin sein wird, soll die Bewerbung per Post an die Zentrale in Bonn gesendet werden. Diese Information ist schnell übersehen, und es kann dann durchaus sein, dass die Bewerbung nicht ankommt.

Es wird nicht um einen Gehaltswunsch gebeten. Das Gehalt ist von vornherein fest dotiert und im Tarifvertrag für den öffentlichen Dienst (TVöD) gesetz-
lich geregelt. Letztendlich ist das eine Tabelle, die das Gehalt nach Niveau der
Stelle und nach der Höhe der Berufserfahrung einheitlich regelt. Das macht einen
Gehaltswunsch obsolet, und es wird auch nicht zu nachträglichen Gehaltsverhandlungen mit den Vorgesetzten kommen, wie es in der freien Wirtschaft üblich
ist. Die Eingruppierung erfolgt in diesem Beispiel in die Tarifgruppe 13. Das
spricht eher für fachlich anspruchsvolle Aufgaben als für leichte Verwaltungstätig-
keiten. Ab der Tarifgruppe 9 ist meistens ein Studium vorausgesetzt. Die höchste
Stufe ist die Tarifgruppe 15 – damit sind die Leitungspositionen einer Behörde
dotiert. Die genaue Höhe des Gehalts richtet sich nach der Berufserfahrung. Ein
TVöD-Gehalt ist durchaus fair und akzeptabel, wenn auch oftmals nicht so hoch
wie in der freien Wirtschaft. Es ist jedoch wichtig, die entsprechende Tabelle zu
recherchieren, um für sich zu entscheiden, ob man mit dem Gehalt einverstanden
ist.

Öffentliche Arbeitgeber verlangen fast immer, dass ein möglichst aktuelles
Führungszeugnis der Bewerbung beigelegt wird. Darin ist polizeilich vermerkt, ob
jemand bereits straffällig geworden ist – das wäre für eine Behörde ein absolutes
und legitimes Ausschlusskriterium. Es handelt sich bei dem Begriff der Straffällig-
keit nicht um die Packung Zigaretten, die man vielleicht mal als Jugendlicher am
Kiosk geklaut hat, sondern um deftigere Straftaten, die zu einer Anzeige oder
einem Gerichtsprozess führten. Dieses Dokument kann man beim Bundesjustiz-
amt sowie bei seiner örtlichen Meldebehörde beantragen, in der Hoffnung, dass
dort der Vermerk „Keine Eintragung" zu lesen sein wird. Es kostet in den meisten
Bundesländern etwa zehn bis zwanzig Euro und wird innerhalb weniger Wochen
ausgestellt. Auch wenn das vergleichsweise schnell zu bekommen ist, so kann sich
das mit einer Bewerbungsfrist überschneiden. Daher ist es ratsam, für den Fall
der Fälle schon frühzeitig ein Führungszeugnis zu beantragen. Andernfalls sollte
man in der Bewerbung zumindest angeben, dass das Dokument beantragt ist und
schnellstmöglich nachgereicht wird.

Wie üblich sind dann noch die typischen Zeugnisse und Nachweise für diese
Stelle zu kopieren und beizufügen. Der Arbeitgeber weist sogar explizit darauf
hin. Dies hat nicht etwa den Grund, dass Bewerbern unterstellt wird, dies nicht
von alleine aus und unaufgefordert zu tun. Sollte es zu einem Arbeitsvertrag kommen, kann der öffentliche Arbeitgeber vor Vertragsunterzeichnung verlangen, dass
sämtliche Dokumente notariell beglaubigt und überprüft werden. So kann er aus-
schließen, dass ein Bewerber eine arglistige Täuschung versucht. Die Stellenausschreibung ist der maßgebliche Hinweis, um welche Dokumente es sich bei einer
Überprüfung genau handeln darf. Man hat in den letzten Jahren durch die Medien
dann doch von der einen oder anderen gefälschten Doktorarbeit mancher Amts-
inhaber in Politik und Wirtschaft gehört.

Keywords	Anschreiben
Naturschutz, Lebensmittelschutz	Pflanzenschutz, Kulturpflanzen
Forschung, Förderanträge	Teilnahme an geförderten EU-Forschungsprojekten
Information, Dokumentation	Vortragstätigkeit, Veröffentlichungen
Leitung von Fachgesprächen	Lehre und Teilnahme an Symposien
Abgeschlossenes Hochschulstudium	Studium, Diplomarbeit, Promotion
Erfahrungen mit internationalen Forschern	Internationales Forschernetzwerk, Projektarbeit

Teil II
Das Vorstellungsgespräch

Das Vorstellungsgespräch ist sozusagen die Möglichkeit für das Unternehmen, den Autor des Fachbuches „Bewerbung" persönlich kennenzulernen. Hält er nun, was sein Buch zu versprechen andeutet? Ist er wirklich der Fachmann, mit dem man zusammenarbeiten möchte? Bringt er die Faktoren Passung, Sympathie und Kompetenz im Hinblick auf eine positive Entscheidung glaubwürdig rüber? Mit anderen Worten: Kann sich dieser Mensch gut verkaufen?

Im Vorstellungsgespräch findet die persönliche Begegnung zwischen dir und dem potenziellen Arbeitgeber statt. Es geht letztendlich um nicht weniger, als zu entscheiden, ob man zueinander passt. Wie bei jeder persönlichen Begegnung zählt nicht nur der erste Eindruck, sondern auch der Gesamteindruck, der nach dem Gespräch in der Erinnerung aller Gesprächspartner haften bleibt. Jeder Mensch unterliegt dabei zu großen Teilen seiner subjektiven Wahrnehmung – es kommt somit nicht nur auf objektive Bewertungskriterien an.

In diesem Teil erhältst du einen Überblick über den Verlauf und die Zielstellung des Gesprächs. Das schafft die nötige Orientierung für deine Vorbereitung auf diesen sehr wichtigen Termin. Zudem bekommst du ganz praktische Tipps, mit denen du deine mentale Verfassung verbessern, deine persönlichen und fachlichen Stärken effektiver kommunizieren sowie deine „Performance" verbessern kannst. Dabei werden hilfreiche Parallelen zu Verkaufsgesprächen sowie zum Leistungssport gezogen – denn im Vergleich zu diesen beiden Kontexten werden viele Prinzipien verständlich und die Praxis-Tipps besser umsetzbar.

Einleitung: Tu mal so, als wärst du Leistungssportler

4

So wie in Teil I der Vergleich zwischen einer Bewerbung und einem Fachbuch eine Hilfestellung ist, ist in diesem Teil der Vergleich zwischen einem professionellen Leistungssportler im Wettkampf und dessen Vorbereitung und der Performance im Vorstellungsgespräch ein hilfreicher roter Faden. Stelle dir bitte einmal die Situation eines Leistungssportlers vor, der sich unmittelbar vor seinem Wettkampf befindet. Wie hat er sich wohl darauf vorbereitet? Wie geht es ihm mental und emotional direkt davor? Welches Ziel verfolgt er? Wie fokussiert er sich auf dieses Ziel? Wie ruft er seine Leistung ab? Wie blendet er negative Gedanken aus? Wie bleibt er mental in der Lage, weiterhin erfolgreich zu handeln, wenn es im Wettkampf einen Moment gibt, in dem etwas nicht so läuft, wie es eigentlich geplant war? All das sind Fragen, die man eins zu eins auf die Situation des Vorstellungsgesprächs übertragen kann.

Profisportler arbeiten mittlerweile mit spezialisierten Sportpsychologen zusammen, um auf all diese Fragen eine Antwort zu finden – und vor allem, um für jede Fragestellung eine funktionierende Technik einzutrainieren. Obwohl dir höchstwahrscheinlich kein persönlicher Psychologe zur Seite steht, der dich in all diesen Bereichen coacht, kannst du an dieser Stelle dennoch ganz entspannt weiterlesen und dir die entsprechenden Tipps und Techniken in diesem Kapitel aneignen. Sämtliche Tipps und Techniken kommen nicht nur im Leistungssport vor, sondern sind in zahlreichen Vorstellungsgesprächen erfolgreich erprobt worden.

„Gewonnen wird im Kopf!" Das ist eine zentrale Aussage und Erfahrung vieler Sportler. Denn kompetent und gut trainiert sind viele Sportler – aber deren Gegner sind es auch. Die richtige mentale Vorbereitung, verbunden mit Tipps und Techniken, ist das Zünglein an der Waage.

Im Vergleich zum Profisportler hast du allerdings zwei entscheidende Vorteile. Erstens: Ein Sportler kann im Bruchteil einer Sekunde des Wettkamps so dermaßen versagen, dass seine restliche Karriere ein für alle Mal beendet ist. Durch einen Sturz oder eine Niederlage kann sich das Blatt so wenden, dass es

© Springer-Verlag GmbH Deutschland, ein Teil von Springer Nature 2019
M. Sutoris, *Der Bewerbungs-Coach*, https://doi.org/10.1007/978-3-662-59458-2_4

keine zweite Chance und keinen weiteren Wettkampf mehr geben wird. Für dich als Bewerber wird es diesen Moment des Scheiterns in der Form nicht geben. Definitiv erwarten dich weitere Chancen respektive weitere Einladungen zu Vorstellungsgesprächen. Zweitens: Was du vielleicht an potenzieller Kompetenz im Moment nicht rüberbringen kannst, lässt sich durch Sympathie und Kommunikationsgeschick wieder ausgleichen. Für den sportlichen Erfolg zählt hingegen ausschließlich die Kompetenz.

Denkaufgabe

Was würde es für dich bedeuten, wenn du die Aussage „Gewonnen wird im Kopf!" auf dein Vorstellungsgespräch überträgst?

Zweck des Gesprächs

5

Der Zweck eines Vorstellungsgesprächs liegt eigentlich auf der Hand. Es geht darum festzustellen, ob man zueinander passt und ob man voraussichtlich erfolgreich zusammenarbeiten kann. Dabei geht es allerdings um zwei Aspekte: Zum einen entscheidet natürlich das Unternehmen für sich, welcher der eingeladenen Bewerber letztendlich die Zusage erhält; zum anderen entscheidet auch der Bewerber nach dem Vorstellungsgespräch oder eben nach der Zusage, ob er denn die Stelle überhaupt annehmen will. Letztendlich wird diese Entscheidung von zwei „Parteien" getroffen. Es geht nicht darum, dass der Bewerber stets der Bittsteller in diesem Szenario ist – auch das Unternehmen will sich als Arbeitgeber ansprechend für den bzw. passend zu dem Kandidaten präsentieren und hofft auf eine Zusage.

Die Einladung zu einem Vorstellungsgespräch kannst du getrost als Beweis ansehen, dass das Unternehmen dir den Job fachlich in jedem Fall zutraut. Deine Bewerbungsunterlagen haben anscheinend nicht nur gefallen, sondern auch inhaltlich überzeugt. Daher darfst du mit einem gewissen Selbstbewusstsein in das Gespräch gehen. Die mögliche Unsicherheit, ob du überhaupt den Aufgaben gewachsen oder ob du wirklich der Richtige bist, ist hier völlig fehl am Platz!

Im Vorstellungsgespräch wollen die Unternehmensvertreter eigentlich nur herausfinden, ob deine Persönlichkeit zum Team und zur Unternehmenskultur passen und ob die Chemie untereinander stimmt. Das zeigst du am besten, indem du wortwörtlich „selbstbewusst" auftrittst – sei dir deiner selbst bewusst!

Normalerweise reicht ein Gespräch mit einer Dauer von etwa 45 bis 60 min aus, um all das herauszufinden. Manchmal jedoch vertrauen Unternehmen nicht auf diesen durch das Gespräch entstandenen persönlichen Eindruck und ergänzen das Verfahren um ein sog. Assessment Center. Dabei gilt es, Aufgaben zu bewältigen, deren Bearbeitung objektiv gemessen wird. Somit werden mehrere Bewerber untereinander vergleichbarer, und der Effekt der subjektiven Wahrnehmung kann umgangen werden. Ob ein Assessment Center stattfindet oder nicht bzw. wie lange das dauert, wird vorab in der Einladung zum Gespräch

© Springer-Verlag GmbH Deutschland, ein Teil von Springer Nature 2019
M. Sutoris, *Der Bewerbungs-Coach*, https://doi.org/10.1007/978-3-662-59458-2_5

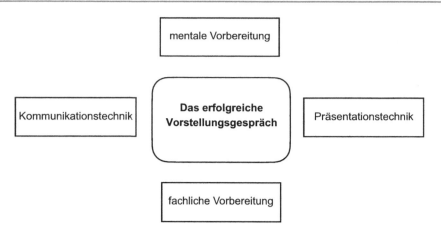

Abb. 5.1 Zauberformel für das erfolgreiche Vorstellungsgespräch

angekündigt. Es wird jedoch nicht gesagt, was genau dort passieren wird oder wie du dich vorbereiten könntest.

Doch wie genau schaffst du es, im Gespräch zu überzeugen, Sympathie und Kompetenz zu vermitteln, eine stimmige Chemie herzustellen, den Zweck des Gesprächs zu erfüllen? Die eigentlich ganz einfache Zauberformel (Abb. 5.1) hat vier Faktoren und lautet:

1. Nutze Kommunikationstechniken!
2. Nutze Präsentationstechniken!
3. Bereite dich fachlich vor!
4. Bereite dich mental vor!

Elemente des Gesprächs 6

Die gute Nachricht vorab: Die meisten Bewerber, die ein Vorstellungsgespräch hatten, sind sehr erleichtert, weil es weniger „schlimm" war als befürchtet. Denn oftmals haben sie in Internetrecherchen den Eindruck erhalten, dass es in diesem Gespräch sprichwörtlich wie in der Höhle der Löwen zugeht und man achtgeben muss, unversehrt wieder herauszukommen. Im Anschluss an das Gespräch können sie handfeste Tipps geben, worauf man besonders achten sollte, was gut funktionierte, was man noch besser machen könnte und was man das nächste Mal lieber nicht tun oder sagen sollte. Es gibt somit durchaus handfeste Tipps zur Vorbereitung und viele Best-Practice-Beispiele – hier erfährst du sie.

6.1 Telefoninterview

Sehr oft findet nach einer positiven internen Bewertung deiner Bewerbung zunächst ein Telefoninterview statt. Dieser Termin wird mit dir persönlich abgestimmt und dauert erfahrungsgemäß 20 bis 30 min. Dieses „Vorabbewerbungsgespräch" wird von Human-Resource-Mitarbeitern geführt – nicht von den künftigen Vorgesetzten. Hier geht es dem Unternehmen darum, vorab einen ersten persönlichen Eindruck von dir zu bekommen und erst danach zu entscheiden, wer von den Telefonkandidaten letztendlich ins Unternehmen eingeladen wird. Nach dem Telefonat wird ein Summary geschrieben, das als zusätzliche Entscheidungsgrundlage dienen soll.

Der Inhalt des Telefonats bezieht sich dabei auf die in Kap. 5 angedeuteten Aspekte. Ziel ist es, durch ein lockeres Gespräch einen Eindruck von deiner Persönlichkeit zu erhalten und auch deine Fachkompetenz sowie Erfahrungen im Hinblick auf die Passung abzugleichen. Es ist sozusagen die weitergehende Suche nach einer weiteren Schnittmenge zwischen deiner Bewerbung bzw. deines Profils und der Stellenausschreibung.

© Springer-Verlag GmbH Deutschland, ein Teil von Springer Nature 2019
M. Sutoris, *Der Bewerbungs-Coach*, https://doi.org/10.1007/978-3-662-59458-2_6

Auf der persönlichen Ebene wird man herausfinden wollen, ob du sympathisch wirkst und dich gut präsentieren kannst. Auf der fachlichen Ebene wird man dir Fragen zu deinem Studium und zu vorhandenen beruflichen Erfahrungen stellen. Tipps für das erfolgreiche Telefonat:

- Telefoniere stehend mit geradem Rücken (vielen hilft zudem der Blick aus dem Fenster)!
- Mache dir Notizen (ohne das Gespräch zu unterbrechen)!
- Halte deinen Kalender griffbereit (falls direkt ein Termin für ein weiteres Gespräch vereinbart wird)!
- Nimm vorher ein Hustenbonbon (um präventiv nervositätsbedingte Heiserkeit zu vermeiden)!
- Halte ein Glas Wasser bereit (falls du doch heiser wirst – drehe aber beim Trinken das Telefon zur Seite, um Geräusche zu vermeiden)!
- Bleib entspannt, atme regelmäßige und tiefe Atemzüge (ohne in das Telefon zu schnaufen)!
- Sei dankbar an dem Interesse deiner Bewerbung (sei dir deiner selbst-bewusst)!
- Lege deinen Fokus vor allem auf die Vermittlung von Sympathie (das geht vor allem durch Freundlichkeit)!
- Drehe das Telefon von deinem Mund weg, falls du dich räuspern oder husten musst (entschuldige dich, wenn das passiert)!
- Zieh dir einen warmen Pulli an (um präventiv nervositätsbedingtes Kälteempfinden oder Frösteln zu vermeiden; wenn das Vorabinterview per Videotelefonie durchgeführt wird, helfen warme Socken)!
- Achte bei einem Telefonat per Video auf einen neutralen Hintergrund (gut wirkt es, wenn im Hintergrund dein volles Bücherregal zu sehen ist)!
- Stelle dich darauf ein, dass dir einige Fragen auf Englisch gestellt werden, auch wenn Englischkenntnisse nicht explizit in der Ausschreibung genannt wurden (recherchiere vorab einige typische Vokabeln der entsprechenden Branche des Unternehmens)!

> **Tipp**
> Führe das Telefonat stehend. Begegne deinem Gesprächspartner selbstbewusst und neugierig.

6.2 Einladung zum Gespräch

Die Einladung zum Gespräch erfolgt schriftlich. Normalerweise wird dir ein Termin einfach vorgeschlagen. Solltest du genau zu der Zeit einen anderen wichtigen Termin haben, den du nicht verschieben kannst, ist es überhaupt kein Problem, durch ein höfliches, telefonisches Nachfragen das Vorstellungsgespräch auf einen anderen Tag zu legen. Jeder wird Verständnis dafür äußern, wenn du das gut begründen kannst, wenn der Alternativtermin sehr zeitnah erfolgt und wenn du im Telefonat Freundlichkeit, Dankbarkeit und Interesse zeigst.

6.3   Im Vorfeld: Anreise und Kleidung

Wenn der Termin feststeht, solltest du dir im Vorfeld über zwei organisatorische Punkte Gedanken machen: Wie schaffst du es, pünktlich anzureisen, und welche Kleidung solltest du tragen? Lege dir die Anreise so zurecht, dass du auf jeden Fall zu früh da sein wirst. Nichts ist schlimmer, als gehetzt in ein Vorstellungsgespräch zu stolpern. Sollte sich deine Anreise verspäten, obwohl du Zeitpuffer geplant hast und du die Verspätung nicht zu verantworten hast, musst du auf jeden Fall im Unternehmen anrufen und über deine Verspätung informieren. Nimm daher die schriftliche Einladung, die du bereits erhalten hast, mit – dort stehen Name und Telefonnummer deines Ansprechpartners. Eine Verspätung ist erst mal kein Beinbruch. Im Gegenteil, denn du hast womöglich eine Geschichte zu erzählen, welche die Aufmerksamkeit auf dich lenkt und dich von anderen Bewerbern absetzt – es ist also eine gute Chance, um zusätzliche Sympathiepunkte einzuheimsen.

Recherchiere bitte genau, falls du mit dem ÖPNV anreist, wie das Unternehmen zu erreichen ist und ob du noch einen längeren Fußweg oder eine Taxifahrt einkalkulieren musst. Für beides musst du einen extra Zeitpuffer einplanen und bestenfalls ausreichend Bargeld bei dir tragen. Gerade entlegene Gewerbegebiete, in denen sich z. B. häufig Forschungseinrichtungen und größere Industrieunternehmen befinden, sind mit öffentlichen Verkehrsmitteln schlecht erreichbar.

Im Hinblick auf die Wahl der richtigen Kleidung gibt es eine gute Faustformel: Ziehe dich so an, wie du auch zur Arbeit erscheinen würdest. Im Zweifel gilt es, lieber ein wenig over- als underdressed zu erscheinen – Kleider machen Leute! Ausnahmen von dieser Regel sind Berufe, in denen spezifische oder Sicherheitskleidung getragen wird. Das bedeutet, dass du z. B. den Arztkittel oder die Chemikerschutzbrille natürlich nicht tragen solltest. Findet dein Gespräch bei einem jungen Start-up statt, bei dem sich die Mitarbeiter auf der Website schon mit T-Shirt und Sneakers präsentieren, wäre ein kompletter Business-Dress definitiv fehl am Platz.

Vielleicht ist es überflüssig zu erwähnen, doch achte unterwegs peinlichst darauf, keine Kaffee- oder Ketchupflecken auf deiner Kleidung anzusammeln. Und für den Fall, dass es regnet – gerade bei einem längeren Fußweg –, solltest du natürlich darauf achten, trocken und warm anzukommen. Ein bisschen Regen hat auf dem Weg zur Uni sicherlich nicht geschadet, aber im Vorstellungsgespräch wirkt das etwas merkwürdig, wenn du dich den Wetterverhältnissen anscheinend nicht anpassen kannst.

Tipp
Plane einen ordentlichen Zeitpuffer für eine entspannte Anreise ein. Achte auf saubere, ordentliche dezente Kleidung und Schmuck.

6.4   Ablauf des Gesprächs

Wenn du das Unternehmen erreicht hast, meldest du dich am Empfang an. Ein Mitarbeiter wird dich daraufhin abholen, in die entsprechende Etage oder Abteilung begleiten und dich ggf. bitten, noch einen Moment im Nebenraum zu warten. Angemerkt sei, dass es völlig in Ordnung ist zu fragen, ob man vorher die Toilette aufsuchen darf – bitte keine falsche Zurückhaltung, denn auch im absoluten Traumunternehmen arbeiten „nur" Menschen. Selbstredend solltest du gewisse Bedürfnisse im Gespräch für dich behalten.

Anschließend geht eine Tür auf, und jemand wird dich bitten, in den Raum des Geschehens endlich einzutreten. Der formale Ablauf von Vorstellungsgesprächen folgt einer grundlegenden Struktur. Man wird dich darauf hinweisen, wo du deine Garderobe aufhängen kannst. Anschließend zeigt man dir deinen Sitzplatz – häufig ein Einzelplatz an einem Ende des Konferenztisches, sodass du den Mitarbeitern gegenübersitzt –, und man bietet dir ein Getränk an.

Nun stellen sich die Mitarbeiter persönlich mit ihrem Namen und der Funktion im Unternehmen vor. Die klassische Situation ist die, dass meist drei Mitarbeiter das Gespräch führen: Der zukünftige Vorgesetzte, jemand aus der Personalabteilung und jemand Drittes, der entweder dem Betriebsrat zugehört, Gleichstellungsbeauftragter ist, ein Teammitglied aus der avisierten Abteilung, jemand ganz anderes oder, wie in kleineren Unternehmen üblich, direkt die Geschäftsführung bzw. deren Stellvertreter. Ein bis zwei dieser Personen leiten das Gespräch, und die dritte führt als Beisitzer häufig nur Protokoll bzw. macht sich Notizen zu allen Kandidaten. Normalerweise haben alle anwesenden Mitarbeiter deine Unterlagen vor sich auf dem Tisch liegen. Es folgt üblicherweise die Frage, ob die Anreise gut geklappt hat und wie es dir geht.

Als Nächstes kommt nun deine Bewerbung ins Gespräch, und der eigentliche Teil beginnt: deine Vorstellung und der gegenseitige Austausch. Man wird dir viele Fragen stellen (Abschn. 6.5) und dein Verhalten aufmerksam beobachten. Abschließen wirst du gefragt, ob aus deiner Sicht noch Fragen offengeblieben sind. Und schon folgt die offizielle Verabschiedung mit dem Hinweis, bis wann du eine Entscheidung erwarten kannst.

Achte beim Ablauf dieses Protokolls darauf, dein Verhalten so locker wie möglich zu gestalten. Das Ablegen der Garderobe sollte z. B. nicht dadurch erschwert sein, dass du dich kompliziert aus einem Schal wickeln musst. Deine Kleidung sollte nicht nur zum Anlass passend sein, sondern auch eine bequeme Sitzhaltung ermöglichen, bei Bewegungen keine Geräusche produzieren und normale Atemzüge zulassen – also bitte nicht zu eng und ohne klappernde Gegenstände. Und nimm in jedem Fall das Getränk an. Denn allein die Höflichkeit gebietet das, weil du zeigst, dass du dir Zeit nimmst und dich wohlfühlen möchtest. Auch wenn du gar nichts trinkst, vielleicht weil deine Hände vor Nervosität zittern, hinterlässt das Verweigern eines Getränks direkt den Eindruck, dass du hier womöglich schnell wieder weg willst. Weitere wichtige Tipps erhältst du auf den folgenden Seiten.

Tipp
Menschen bilden sich nach drei bis fünf Minuten einen gefestigten Eindruck von einer unbekannten Person. Dieser Eindruck ist so schnell nicht mehr zu ändern und bleibt das ganze Vorstellungsgespräch über bestehen. Alle deine daraufhin folgenden Aussagen und Verhaltensweisen werden vom Gesprächspartner unbewusst so wahrgenommen, dass sein bereits gefestigter Eindruck bestätigt wird. Versuche, dich direkt schon ab Beginn des Gesprächs vorteilhaft und kontaktfreudig zu verhalten. Der positive Eindruck, den du während der ersten Minuten erzeugst, bestimmt den weiteren Verlauf des Gesprächs.

6.5 Typische Fragen

6.5.1 Die Selbstpräsentation

Nachdem man sich erkundigt hat, ob deine Anreise gut geklappt hat, du ein Getränk erhalten hast und die Gesprächspartner sich und das Unternehmen kurz vorgestellt haben, folgt normalerweise die Bitte, dass du dich und deinen bisherigen beruflichen Weg erst mal persönlich und live darstellst. Allen Gesprächspartnern liegt deine Bewerbung als Kopie vor – dennoch ist die Selbstpräsentation für beide Seiten ein guter Gesprächsöffner, um miteinander warm zu werden. Nun hast du die Chance, den ersten Eindruck, den alle von dir schon längst erhalten haben, zu untermauern. Stelle wichtige Eckpunkte deiner Vita interessant dar. Nutze nonverbale Kommunikation, indem du freundlich lächelst, Augenkontakt zu allen Gesprächspartnern hältst und an passenden Stellen gestikulierst.

Die Selbstpräsentation darf nicht auswendig gelernt klingen und auch keine Eins-zu-eins-Wiederholung deines Lebenslaufes sein. Erkläre lieber darüber hinaus, warum du dich für bestimmte Stationen in deinem Leben entschieden hast, was dich bewogen hat, den bisherigen Weg zu gehen, was dir dabei am meisten Freude bereitet hat und welche wichtigen Erfahrungen du gesammelt hast.

Zeige, dass du ein glücklicher Mensch bist, der genau sein Ding macht und seinen Weg voller Neugier weitergehen will. Dadurch erweckst du am einfachsten den Eindruck von Sympathie und Kompetenz. Menschen, die eine positive Ausstrahlung haben, wirken auf andere anziehender als jemand, der verkrampft und überehrgeizig versucht, sein Ziel im Alleingang zu erreichen. Indem du dich als zufriedene und interessierte Person zeigst, entsteht etwas, dass Marketingfachleute „Sogwirkung" nennen. Die anderen fühlen sich in deinen Bann gezogen und bewerten dich als sympathisch und kompetent – sie können es sich gut vorstellen, mit dir zusammenzuarbeiten.

Natürlich geht es an dieser Stelle im Vorstellungsgespräch um dich. Deine Ausführungen stehen im Mittelpunkt des Geschehens, und man wird dir aufmerksam zuhören und dabei beobachten, wie du etwas sagst. Doch jeder gute Redner weiß, dass es eigentlich immer nur um den Zuhörer geht, wenn man einen positiven

Eindruck hinterlassen will. Frage dich daher, welche Information für den Zuhörer wichtig sein könnte und wie du das am wirkungsvollsten rüberbringen könntest. Du liest in deiner Selbstpräsentation schließlich nicht wie ein TV-Moderator die Nachrichten möglichst neutral vom Blatt ab. Nein, du kannst dich in dieser Situation eher betrachten als Verkäufer, der etwas anpreisen möchte, oder als Entertainer, der eine authentische Wirkung auf sein Publikum erreichen möchte, oder als Sportler, der in Bestform zeigt, was er kann. Vielleicht ist es auch von allem ein bisschen – aber es darf eben etwas mehr sein, als nur Fakten aus der Vita trocken aufzuzählen. Besonders interessant wird deine Selbstpräsentation für den Zuhörer, wenn du einige dieser Tipps beherzigst:

- Nutze Metaphern: „Der rote Faden meiner Vita ist das Interesse für die Wissenschaft, speziell für die Praxis." Oder: „Mein stärkster innerer Antrieb war schon immer das Interesse für Wissenschaft." Anstatt: „Erst habe ich Physik studiert, dann ein Laborpraktikum gemacht."
- Stelle rhetorische Fragen: „Doch warum habe ich mich für das Thema xy in meiner Abschlussarbeit entschieden?" Anstatt: „Ich habe meine Arbeit über Thema xy geschrieben."
- Nutze rhetorische Stilmittel:
  - Anapher (gleicher Satzanfang): „Ich stehe für Offenheit. Ich stehe für Teamfähigkeit. Ich stehe für Zuverlässigkeit. Das wurde mir in bisherigen Projekten von Kollegen und Vorgesetzten zurückgemeldet." Anstatt: „Ich bin offen, teamfähig und zuverlässig."
  - Akkumulation (Aneinanderreihung): „Offenheit, Teamfähigkeit, Zuverlässigkeit – das sind meine drei wichtigsten Stärken, die ich voll in die Stelle einbringen werde." Anstatt: „Ich kann gut offen sein, im Team arbeiten und bin zuverlässig."
  - Hyperbel (Übertreibung): „Meine Stärke ist meine messerscharfe Analysefähigkeit." Anstatt: „Ich analysiere gerne."
  - Tautologie (wiederholende, bildreiche Sprache): „Ich bin der analytische Problemlöser …" – diese Formulierung dann an passenden Stellen wiederholen. Anstatt: „Ich kann Lösungen erarbeiten."
- Nutze Konjugationen mit dem Wort „weil": „Ich kann mich mit den Aufgaben dieser Stelle sehr gut identifizieren, *weil* ich mich dafür schon lange interessiere und Erfahrungen in diesem Bereich habe."
- Vermeide rhetorische „Weichmacher": Sage „ich" statt „man". Rede im Präsenz („ich kann") statt im Konjunktiv („ich könnte").
- Nutze spiegelnde Fragen und Aussagen: „Vielleicht denken Sie jetzt ,Wir sind noch nicht ganz sicher, dass dies unser zukünftiger Mitarbeiter ist?', dann möchte ich noch sagen, dass ich diesen Job unbedingt haben möchte, weil …" Oder: „Wenn Sie sich jetzt fragen sollten, warum ich genau dieses Argument einbringe, dann spricht genau das für mich, weil …"

- Verwende Zitate: Es gibt viele schöne Zitate, die nicht nur eine Rede, sondern im Grunde jedes Gespräch und jede Präsentation interessanter und hochwertiger wirken lassen. Sie lockern und werten auf – sofern sie vorsichtig dosiert und an klugen Stellen eingefügt werden.
  - „Erfolg besteht darin, dass man genau die Fähigkeiten hat, die im Moment gefragt sind" (Henry Ford).
  - „Jede schwierige Situation, die du jetzt meisterst, bleibt dir in der Zukunft erspart" (Dalai Lama).
  - „Phantasie ist wichtiger als Wissen, denn Wissen ist begrenzt" (Albert Einstein).
  - „Ein Beruf ist das Rückgrat des Lebens" (Friedrich Nietzsche).
  - „Motivation ist die Kunst, Träume nicht mit Zielen zu verwechseln" (unbekannt).

Wie wirkt das Zitat des Dalai Lama auf die Frage „Sie haben zwar ähnliche Erfahrungen, aber genau diese Software, die Sie bei uns nutzen werden, kennen Sie noch nicht. Schaffen Sie das wirklich?". Und wie wirkt das Zitat von Henry Ford auf die Frage „Welche Schwächen haben Sie?". Vorsichtig dosiert und gut vorbereitet sind Zitate eine Eindruck schindende Möglichkeit, seine Antwort auf eine Frage etwas geschickter zu gestalten, als man das vielleicht von dir erwarten würde. Wenn man das Zitat dann noch mit eigenen Worten und passend zur jeweiligen Frage weiter ausführt, hat das einen sehr guten Effekt.

Bei Bewerbungen für spätere Jobs kannst du noch diesen Tipp berücksichtigen: Menschen, die schon einige Berufsjahre gesammelt und vielleicht auch eine eigene Familie haben, beginnen die Selbstpräsentation gern mit der Aufzählung persönlicher Informationen: Alter, Wohnort, Anzahl der Kinder etc. Das klingt vielleicht menschlich und ist eigentlich keine unwichtige Information. Dennoch verspielt man die Möglichkeit, gleich zu Beginn auf den Punkt zu kommen und zu zeigen, wofür man fachlich steht. Nutze in den Vorstellungsgesprächen für deinen zweiten oder dritten Job daher lieber die Chance, deine Kernkompetenz in der Selbstpräsentation sofort in den Mittelpunkt zu stellen, beispielsweise so: „Ich heiße Max Mustermann und bin Experte für Brückenbau."

Achte bei diesen Tipps und Formulierungen auf eine selbstsichere Körpersprache, damit die Wirkung der Rhetorik nicht verpufft. Dazu zählen vor allem gerader Rücken, Augenkontakt, ruhige Stimme, deutliche Aussprache, eher zu langsames als zu schnelles Sprechen, regelmäßige Atempausen, freundliche Mimik, zur Aussage passende Gestik und kontrollierte Körpersprache.

▶ **Hinweis** Im Vorstellungsgespräch geht es nicht nur um dich. Jeder gute Redner weiß, dass eigentlich der Zuhörer im Mittelpunkt steht. Achte in deiner Vorbereitung darauf, welche Information dein Zuhörer braucht und wie du das gut rüberbringst.

6.5.2 Stärken und Schwächen

Eine der wohl bekanntesten und am meisten gefürchteten Fragen ist „Welche Stärken und Schwächen haben Sie?". Der Teil der Frage, der auf die Stärken abzielt, ist gut nachvollziehbar und weniger gefürchtet. Überlege dir dafür vorab, welche Stärken du nennst. Finde zwei oder drei Stärken, die du mit einer realen fachlichen Situation bebildern kannst bzw. die andere dir als Feedback genannt haben. Achte darauf, dass diese Stärken zu den Keywords der Stellenausschreibung sowie zu den Bedürfnissen deiner Zuhörer passen. Stärken sind nahezu überall in deiner Biografie versteckt; sie kommen nicht nur in beruflichen oder universitären Situationen zum Vorschein. Wenn du beispielsweise in deinem privaten Leben ein guter Schachspieler – um nicht zu sagen Gamer – bist, kannst du eine besonders hohe Konzentrationsfähigkeit als Stärke davon ableiten.

Warum Unternehmen aber nach den Schwächen fragen, lässt sich nicht wirklich nachvollziehen, und doch tun sie es. Völlig klar ist doch, dass kein Bewerber eine Schwäche angeben würde, die zwar echt ist, aber seine Aussicht auf Erfolg verringern würde. Erwartet das Unternehmen nun eine offensichtliche Lüge als Antwort? Um nun nicht zu leugnen, dass man völlig frei von Schwächen und Fehlern ist, erwähnen Bewerber folglich und häufig „vermeintliche Schwächen". Das sind persönliche Eigenschaften, die zugleich als Stärke auslegt werden können. Hinter der Schwäche „Ich bin zu perfektionistisch und brauche manchmal für wichtige Aufgaben ein wenig mehr Zeit" verbirgt sich ja eigentlich die Stärke, verantwortlich, detailliert und ergebnisorientiert zu arbeiten. Welches Unternehmen würde somit Perfektionismus als Schwäche deuten und den Bewerber letztendlich nicht als kompetent beurteilen? Geschulte und erfahrene Personaler werden bei einem derartigen Fake-Versuche höchstens höflich, aber gelangweilt schmunzeln.

Bei der Frage nach den Schwächen geht es dem Unternehmen vielmehr darum herauszufinden, wie sich der Kandidat bei einer Fangfrage und somit in einer möglichen Stresssituation verhält. Weil diese Frage inhaltlich nicht ernst gemeint ist, keine echte berufliche Schwäche als Antwort erwartet wird und es mehr um deine Reaktion darauf geht, solltest du nicht in Stress geraten. Weder bei deiner Vorbereitung noch während des Gesprächs solltest du dir permanent mögliche Schwächen vor Augen führen – du kannst schließlich etwas! Sonst hättest du dein Studium nicht absolviert und würdest ebenso wenig im Vorstellungsgespräch sitzen. Die persönliche und fachliche Weiterentwicklung hört zudem streng genommen ohnehin niemals wirklich auf – warum sollte man Schwächen denn überhaupt ins Spiel bringen? Daher darfst du an dieser Stelle getrost ein wenig schlagfertig und zugleich charmant reagieren, ohne als überheblich wahrgenommen zu werden. Am besten weichst du der Frage einfach aus, z. B. mit Antworten in diesem Stil:

- „Meine Schwäche ist Schokolade."
- „Meine Schwäche ist es, dass ich in der Vorbereitung keine für mich hilfreiche Antwort auf diese zu erwartende Frage gefunden habe. Wenn Sie stattdessen wissen möchten, wie ich im Job in Stresssituationen reagiere, darf ich als Beispiel erzählen, wie ich … gemacht habe."

- „Ich persönlich denke nicht wirklich innerhalb eines Rahmens von Stärken und Schwächen. Es kommt mir eher darauf an, unterschiedliche Aufgaben zu erfassen und sich zielführend einzubringen sowie sich zu entwickeln. Bislang habe ich durch meine Aufgaben Folgendes gelernt: ..."

Halte bei der Beantwortung stets Augenkontakt mit allen Beteiligten, bleibe selbstsicher und lächle freundlich. Es ist äußerst unwahrscheinlich, dass nach dieser ausweichenden, aber sehr zielführenden Reaktion noch weitergehend nachgebohrt wird, wo denn nun wirklich deine Schwächen liegen könnten.

> **Tipp**
> Nutze die Stärken-Schwächen-Frage, um dich und deine Wirkung positiv von „normalen Antworten" abzuheben.

6.5.3 Standardfragen

An dieser Stelle soll zuerst vor allem mit Vorurteilen und falschem Wissen aufgeräumt werden. In zahlreichen Ratgebern tummelt sich das Gerücht, dass im Vorstellungsgespräch besonders kreativ formulierte Fragen auftauchen, z. B.:

- Was denken Sie über Ihren letzten Chef?
- Wenn Sie entscheiden würden, wer den Job bekommt, worauf würden Sie achten?
- Wovor haben Sie am meisten Angst?
- Wie war das für Sie, als Sie für Ihre Arbeit kritisiert wurden?
- Wie motivieren Sie sich?
- Wie gehen Sie damit um, wenn Sie in einem Team arbeiten, das nicht gut miteinander harmoniert?
- Was ist besser: Sollte ein Chef geliebt oder gefürchtet werden?
- Wie verhalten Sie sich, wenn Ihnen der Kellner ein falsches Gericht an den Tisch bringt?
- Würden Sie sich über Regeln hinwegsetzen, wenn es Ihnen nutzt?
- Wie oft am Tag überlappen sich die Zeiger einer Uhr?
- Verkaufen Sie mir diesen Bleistift?
- Wenn Sie ein Superheld wären, welche Superkraft würden Sie wählen?

Zu behaupten, dass es solche Fragen gibt, ist eindeutig Panikmache, denn sie kommen erfahrungsgemäß höchst selten vor. Sollte dir dennoch einmal eine solche begegnen, erfährst du im nächsten Abschnitt, wie du am elegantesten ausweichen kannst.

Folgende Standardfragen hingegen werden regelmäßig gestellt:

- Warum sollten wir *Sie* einstellen?
- Wo sind Sie in fünf Jahren?
- Warum möchten Sie diesen Job?
- Warum haben Sie sich bei uns beworben?
- Was wissen Sie über unser Unternehmen?
- Was haben Sie bislang verdient, und was möchten Sie verdienen?
- Warum geben Sie Ihren bisherigen Job auf?
- Wären Sie bereit umzuziehen?
- Welche Fragen haben Sie an uns?
- Welche Ideen haben Sie bislang im Job oder Praktikum umgesetzt?
- Was war Ihr letztes Projekt? Was war Ihre Aufgabe dabei, und welches Ergebnis gab es?
- Wann haben Sie etwas falsch gemacht, und wie sind Sie damit zurechtgekommen?

Am häufigsten werden wohl die drei Fragen „Warum haben Sie sich bei uns beworben?" bzw. alternativ „Warum sollten wir *Sie* einstellen?" sowie „Welche Fragen haben Sie an uns?" gestellt. Bereite zumindest auf diese drei Fragen eine wahrheitsgemäße Antwort vor. Auf die erste Frage kannst du ruhig antworten: „Ich weiß es ehrlich gesagt nicht so genau, wir kennen uns ja erst seit gerade eben. Aber irgendwie haben mich die Begriffe ... und ... in Ihrer Ausschreibung sehr angesprochen, und ich hatte ein gutes Gefühl dabei." Zeige bei der Gelegenheit ebenfalls, dass du vorab recherchiert hast und wichtige sowie aktuelle Fakten über das Unternehmen nennen kennst.

Auf die zweite Frage darfst du etwas geschickter antworten. Die wiederholte Aufzählung deiner Kernkompetenzen, z. B. „Ich bin gut in der Problemlösung" oder „Ich bin eine kreative Generalistin", ist an dieser Stelle zwar gut, doch noch besser kommt es an, wenn du einen psychologisch geschickt formulierten Blick in die Zukunft gewährst, z. B. „Weil Sie schon vor Ablauf der Probezeit gute Erfahrungen mit mir gemacht haben werden" oder „Ich bin der Richtige, weil Sie dann das entspannte Gefühl haben dürfen, dass sich die Entscheidung für das Unternehmen lohnen wird". Diese zweite Frage zielt eindeutig darauf ab, dein Selbstbewusstsein herauszufordern – also biete dem Zuhörer das, was er sucht.

Die dritte Frage ist eine Aufforderung an dich, noch offene Punkte anzusprechen. Schließlich dient das Vorstellungsgespräch beiden Seiten dazu herauszufinden, ob man zueinander passt. Selbst wenn du den Job zu jeglichen Rahmenbedingungen annehmen würdest und dir vor lauter Nervosität keine Frage mehr einfällt, solltest du in jedem Fall einige Dinge ansprechen. Zumindest im Sinne einer Wirkung, die Zielstrebigkeit und Kommunikationskompetenz vermittelt, solltest du mindestens zwei oder drei interessierte Fragen stellen. Vermeide allerdings Fragen nach der genauen Anzahl an Urlaubstagen oder ob das Gehalt am 1. oder 15. eines Monats ausgezahlt wird oder ob du direkt schon Personalverantwortung übernehmen darfst. Solche Themen erzeugen erst mal nur Widerstand, denn du hast ja noch gar nichts für das Unternehmen geleistet. Gut wirken eher Fragen wie z. B. „Wie groß ist mein zukünftiges Team?", „Was ist das

Durchschnittsalter in meinem Team?", „Wer genau wird mein Vorgesetzter sein?", „Wie läuft die Einarbeitung bei Ihnen ab?", „Gibt es Parkplätze?", „Wer hat den Job vor mir gemacht, und warum hat er aufgehört?" oder „Wie sieht ein typischer Arbeitstag in diesem Job aus?".

Standardmäßig zu erwarten sind gezielte Fragen nach den genauen Gründen, wenn du auffällige chronologische Lücken im Lebenslauf darstellst, besonders lange studiert hast oder viele Jobwechsel in kurzer Zeit angibst. Es ist sehr schwierig, hier konkrete Tipps zu geben, wie du auf diese Fragen am besten reagierst. Natürlich solltest du ehrlich und authentisch sein; doch wenn es Gründe gibt, die du nicht benennen möchtest oder die nicht vorteilhaft wären, wenn du sie denn benennst, brauchst du eine individuell ausgeklügelte Antwort. Einige Tipps hierzu erhältst du in Abschn. 26.5.

> **Tipp**
> Du kannst damit rechnen, dass eine oder eher mehrere dieser Standardfragen auch in deinem Vorstellungsgespräch gestellt werden. Überlege dir im Vorfeld eine Antwort darauf, die möglichst authentisch ist und die dich wirklich ausmacht. Antworte ehrlich und offen, denn Lügen werden vom erfahrenen Personalerauge sofort enttarnt. Lerne deine Antwort nicht wörtlich auswendig – passe sie lieber sinngemäß an die jeweilige Situation an. Denn auswendiges Vortragen schwächt nur den lebhaften Kontakt zwischen dir und den Zuhörern ab.

6.5.4 Gekonnt auf schwierige Fragen reagieren

Wie oben erwähnt, musst du besonders fiese Fragen kaum befürchten. Vor einigen Jahren noch war es für die Unternehmen en vogue, solche Stressmomente zu erzeugen. Sie wollten einschätzen, wie sich ein Bewerber in Stresssituationen verhält, und dies dann auf künftige Situationen im Job hochrechnen. Dennoch kursieren viele Gerüchte, dass solche Fragen immer noch gang und gäbe sind – doch dies ist erfahrungsgemäß eindeutig nicht so. Am ehesten kommen sie noch im Bereich der „Wirtschaft" vor, weniger in der Wissenschaft. Arbeitgeber versuchen zunehmend, für eine angenehme Gesprächsatmosphäre zu sorgen, und wollen sich ebenso attraktiv präsentieren, wie es auch der Bewerber beabsichtigt. Wenn doch einmal besondere Fähigkeiten, z. B. die Stressresistenz, auf den Prüfstand gestellt werden müssen, weil die späteren Aufgaben im Job dies erfordern, dann findet vielmehr ein ausgeklügeltes Assessment Center (Abschn. 26.6) statt.

Trotzdem soll kurz auf die richtige Verhaltensstrategie eingegangen werden für den Fall, dass du folgende oder ähnlich fiese Fragen doch einmal zu Gehör bekommst:

- Welche drei positiven Charaktereigenschaften fehlen Ihnen?
- Warum haben Sie bis jetzt noch keine neue Stelle gefunden?
- Wie oft haben Sie eigentlich Sex?

- Welches persönliche Geheimnis verbergen Sie vor uns?
- Was ist die schlechteste Eigenschaft, die man Ihnen nachsagt?
- Was können Sie Ihren Kollegen beibringen?
- Welche Frage möchten Sie nicht gestellt bekommen?

Auf derartige Fragen inhaltlich zu antworten, ist der erste Fehler, den du hier machen kannst. Denn es wird keine Antwort erwartet, sondern die eigentliche Intention ist deine Reaktion darauf. Der zweite Fehler wäre es, schlagfertige Gegenfragen zu stellen wie z. B.: „Mit Sicherheit habe ich öfter und besseren Sex als Sie, wetten?" Die psychologisch und kommunikativ beste Strategie, um unangemessenen Fragen elegant zu begegnen, lautet: Führe *du* das Gespräch zu *deinem* Nutzen weiter! Hier helfen dir folgende Tipps:

- Antworte nicht direkt, mache eine rhetorische Pause. So gewinnst du einen Augenblick Zeit, kannst tief durchatmen und schützt dich selbst davor, durch unüberlegtes „Drauflosreden" voll in die Falle zu tappen.
- Lächle selbstbewusst, halte Augenkontakt und achte auf eine ruhige Körpersprache.
- Sage offen, was diese Frage in dir auslöst: Verwirrung, Humor, Überraschung, Kalkül – benenne dein entsprechendes Gefühl. Dadurch zeigst du am besten, dass du in Stressmomenten nicht aus der Balance zu bringen und charakterlich gereift bist.
- Weiche der eigentlichen Antwort auf diese Frage mit einer Haltung von Erhabenheit und Charme sowie mit einem innerlichen Augenzwinkern aus. Liefere dann ein fachliches Argument, das für dich als Bewerber spricht.

So könntest du beispielsweise antworten: „Danke für diese sehr interessante Frage. *(charmant lächeln)* Ich hätte damit nicht gerechnet und bin etwas verwirrt, was Sie wohl damit eigentlich über mich in Erfahrung bringen wollen. Vielleicht ist das eine gute Möglichkeit, Ihnen zu verdeutlichen, dass Sie sich für mich entscheiden sollten, weil ich mich schnell einarbeiten werde und meine Erfahrung im Bereich … direkt am ersten Arbeitstag einsetzen kann."

Achte in jedem Fall auf deine öffentlich geposteten Fotos oder Kommentare in sozialen Netzwerken. Du musst davon ausgehen, dass Unternehmen deine Online-Aktivitäten recherchieren. Biete bitte keine Vorlage an, die zu einer fiesen Frage führen könnte!

Neben all diesen fiesen, kreativen und unangemessenen Fragen gibt es aus solche, die eigentlich unzulässig sind. Damit ist das in Abschn. 2.3.1 angesprochene Antidiskriminierungsgesetz gemeint. Typisch ist dabei die Frage, ob die Bewerberin schwanger ist oder plant, in den nächsten Monaten ihren Kinderwunsch konkret anzugehen. Auch Fragen nach der Religionszugehörigkeit, einer Parteizugehörigkeit, der sexuellen Neigung, der letzten Einkommenshöhe, dem Gesundheitszustand, den familiären oder privaten Vermögensverhältnissen sowie Betriebsinterna ehemaliger Arbeitgeber sind unzulässig. Manche Berufe bringen es natürlich in der Sache begründet mit sich, dass es Ausnahmen gibt. Themen

wie den Gesundheitszustand sollte man ansprechen, wenn man beispielsweise
als Chemiker im Labor arbeiten möchte, obwohl man eine Allergie gegen
Latexhandschuhe hat. Das wäre durchaus ein wichtiges Thema für Arbeitgeber
und Arbeitnehmer – dennoch wäre die Frage danach im Bewerbungsgespräch
unter Umständen unzulässig. Genau genommen bedeutet das, dass du auf diese
Frage nicht zu antworten brauchst und den Arbeitgeber sogar verklagen könntest,
wenn die offizielle Absage lautet: „Aufgrund Ihrer Schwangerschaft können wir
Sie leider nicht einstellen, und wir wünschen Ihnen alles Gute für Ihre Zukunft."
Dennoch gilt es, auch auf unzulässige Fragen souverän zu reagieren. Die eben
geschilderte Strategie wird dir dabei helfen.

Tipp
Bleibe bei schwierigen Fragen stets gelassen – in dem Wissen, dass letztendlich auch der Arbeitgeber versucht, dich für ihn zu gewinnen.

Die richtige Präsentationstechnik

7

Damit du deine Selbstpräsentation sowie dein ganzes Verhalten im Gespräch besser steuern kannst, erhältst du hier grundlegende Informationen zu allgemeinen Präsentationstechniken. Der Begriff „Präsentation" stammt aus dem Lateinischen und bedeutet, etwas zu zeigen und gegenwärtig zu machen. Der Begriff „Präsens" hat den gleichen Ursprung und meint so viel wie im „Hier und Jetzt" zu sein. Dies deutet an, dass es bei einer Präsentation vor allem darum geht, zwei Sachen zu zeigen: Dich selbst und Präsenz.

Dich selbst zu zeigen, läuft darauf hinaus, dass du Informationen aus deinem Lebenslauf darstellst und auch deutlich machst, warum du diesen Job kannst und willst. Präsenz zu zeigen, heißt, dass du mental und emotional in einer guten Verfassung bist und das vor allem nonverbal rüberbringst. Denke hier bitte wieder an einen Leistungssportler im Wettkampf. Auch er muss sich selbst und Präsenz zeigen: Er muss zeigen, dass er bestimmte Handlungen perfekt ausführen kann, so, wie es die Sportart und die Wettkampfrichter verlangen. Und er muss zeigen, dass er mental voll im „Hier und Jetzt" ist, und das seinem Gegner körpersprachlich deutlich signalisieren. Beides gehört dazu, um sich taktisch sinnvoll in Richtung eines Sieges zu bewegen.

Im Bereich der zwischenmenschlichen Kommunikation gilt eine wichtige Faustformel: „Die Wirkung hat die Fachlichkeit überholt." Wir leben in einer digitalen Welt, die seit Jahren durch ein Spannungsverhältnis zwischen visuellen Reizen und Informationsflut sowie durch Zeitmangel gekennzeichnet ist. Beide Pole dieses Spannungsverhältnisses steuern und beeinflussen unseren Alltag und unsere ganze Wahrnehmung. Um sich in dieser Welt zu behaupten, müssen Menschen Informationen schnell filtern und nach Relevanz unterscheiden können. Im Internet übernehmen das kluge Algorithmen, die beispielsweise personalisierte Werbung bzw. News auf dem Monitor einblenden. Im echten, analogen Leben müssen Menschen selbst entscheiden, welche Information sie an sich heranlassen und welche nicht. Und aufgrund knapper Zeit ist die Wirkung einer Information das Maß aller Dinge. Etwas, das reizvoll wirkt, wird eher angenommen als etwas, das weniger

© Springer-Verlag GmbH Deutschland, ein Teil von Springer Nature 2019
M. Sutoris, *Der Bewerbungs-Coach*, https://doi.org/10.1007/978-3-662-59458-2_7

reizvoll ist – auch wenn es letztendlich die bessere und relevantere Information gewesen wäre. Das gilt für Produkte, Dienstleistungen, Werbeanzeigen und natürlich auch für den ersten Eindruck, den Menschen voneinander gewinnen.

Im beruflichen Kontext hört man oft Geschichten von Menschen, die eine Beförderung erhalten haben, weil sie bei ihren Vorgesetzten ein gutes Bild abgegeben haben, aber fachlich nicht wirklich die besten Mitarbeiter im Unternehmen sind. Natürlich mag das nicht immer fair erscheinen, aber es zeigt deutlich, wie wichtig eine permanente und gelungene Selbstpräsentation ist. Für dein Vorstellungsgespräch bedeutet dies, dass du in kurzer Zeit nicht nur fachlich überzeugen, sondern primär durch deine Präsenz eine gute Wirkung erzeugen musst. Denn um fachlich zu überzeugen, bekommst du nach Einstellung in den Job zunächst eine befristete Probezeit. Diese Jobzusage inklusive der Probezeit wiederum bekommst du jedoch nur, wenn du im Gespräch so wirkst, dass man dich den anderen Bewerbern vorziehen möchte.

> **Tipp**
> Es dauert nur etwa drei Sekunden, bis man einen ersten Eindruck von einem neuen Menschen hat – und der ist so leicht nicht mehr zu verändern.

7.1   Grundlagen des Verkaufsprozesses

Die Bewerbung ist letztendlich ein Verkaufsinstrument für die berufliche Arbeitskraft und Leistungsmotivation. Denke doch bitte mal aus der Sicht eines Unternehmens: Jedes Unternehmen, das überleben und sich entwickeln will, muss verstehen, dass es für seine Produkte oder Dienstleistungen einen attraktiven Verkaufsprozess gestalten muss. Und es ist sicherlich nicht untertrieben zu sagen, dass eigentlich jedes Unternehmen stolz auf sein Angebot ist und daher auch offen für sich wirbt bzw. gern mit Kunden in Kontakt tritt. Genauso muss man als Bewerber denken: offen sein, für sich werben, in Kontakt treten und stolz zu seiner bisherigen Vita stehen. Auch wenn es vermeintlich nicht seriös klingt – doch die Bewerbung ist ein Verkaufsprozess. Und auch wenn man in seiner Erziehung vielleicht gelernt hat, dass man sich selbst nicht über alle Maße loben soll – doch die Bewerbung ist ein Verkaufsprozess. Das gilt natürlich auch für Akademiker, Wissenschaftler und für Menschen, die lieber Leistung zeigen, anstatt „sich zu verkaufen". Dieser Gedanke ist oftmals schwer zu verstehen – doch die Bewerbung ist ein Verkaufsprozess.

Bevor du ganz konkrete Tipps für deine gelungene Präsentation erhältst, solltest du einmal verstehen, wie ein typisches Verkaufsgespräch abläuft. In Teil I wurde bereits an mehreren Stellen angedeutet, dass der ganze Bewerbungsprozess eine Verkaufsabsicht erfüllt und dass dies die Gestaltung deiner Bewerbungsunterlagen maßgeblich beeinflusst. Das gilt natürlich auch für das zwischenmenschliche Gespräch. Allein im privaten Alltag erfüllen viele Gespräche einen

Verkaufsaspekt. Auch wenn es unbewusst geschieht, so sind Gespräche, in denen einer den anderen überreden will, abends mit ins Kino anstatt ins Restaurant zu gehen, lieber Film A als Film B anzusehen oder eine bestimmte Aufgabe zu übernehmen, in ihrem Wesen nichts weiter als Verkaufsgespräche. Sie folgen damit einer bestimmten Struktur und Technik – erst recht, wenn sie erfolgreich verlaufen sind. Und dies ist der elementare Ablauf erfolgreicher Verkaufsgespräche:

1. Erstkontakt, Vertrauensaufbau
2. Individuelle Bedarfsermittlung
3. Produktpräsentation, Nutzenargumente
4. Einwände behandeln, Bedürfnisse sicherstellen
5. Abschluss

Verkäufer sind darin geschult, ihren Gesprächspartner in all diesen Eckpunkten mit jeweils unterschiedlichen Gesprächsführungstechniken überzeugen zu können. Sie führen einen Kunden proaktiv durch dieses Gespräch. Wenn der Kunde das Gefühl hat, dass der Verkäufer auf alle seine Fragen eingegangen ist, so war dieses Ergebnis in aller Regel eine Taktik des Verkäufers. Beispielhaft kann man den typischen Ablauf auf ein Gespräch unter Freunden übertragen, bei dem Person A seinen Freund B überreden möchte, einen bestimmten Film im Kino anzuschauen:

- *Erstkontakt, Vertrauensaufbau*
  Person A: „Hallo Kai, schön dich zu sehen! Wie geht es dir, und wie wäre es mit Kino heute Abend?"
  Person B: „Hallo Oliver! Ja, warum nicht. Ich könnte mir aber auch vorstellen, einfach etwas trinken zu gehen."
- *Individuelle Bedarfsermittlung*
  Person A: „Auf welchen Film hättest du denn Lust?"
  Person B: „Wenn, dann wäre mir nach einem ruhigen und lustigen Film. Gerade läuft ein Remake von *Pretty Woman*."
- *Produktpräsentation, Nutzenargumente*
  Person A: „Ich hätte mehr Lust auf Action – der neue *Spiderman!* Der Film ist gerade für einen Oscar nominiert, und dein Lieblingshauptdarsteller spielt auch mit!"
  Person B: „Ja, das klingt nicht schlecht … ist mir aber für heute zu viel Action."
- *Einwände behandeln, Bedürfnisse sicherstellen*
  Person A: „Ach komm, bitte … dir hat doch der andere Actionfilm neulich auch sehr gut gefallen. Es gibt sogar bei *Spiderman* viele lustige Szenen. Und ich spendiere dir eine Cola."
  Person B: „Na gut – überredet."
- *Abschluss*
  Person A: „Okay, treffen wir uns um acht Uhr am Kino?"
  Person B: „Ja, ich freue mich schon!"

Auch wenn Person A in diesem Beispiel nicht wirklich an einen Verkauf im engeren Sinne gedacht hat, so verläuft das Gespräch streng nach dem elementaren Verkaufsmuster ab und führt letztendlich zum Erfolg. Übertragen auf ein Vorstellungsgespräch bedeutet das im Einzelnen:

- *Erstkontakt, Vertrauensaufbau:* Hereinkommen, Handschlag, Namen nennen, Blickkontakt, Jacke ablegen, Platz nehmen, Getränk annehmen, Freundlichkeit signalisieren. Hier muss – wie bereits beschrieben – schon der erste Eindruck positiv sein. Kompetenz und Sympathie spielen eine wichtige Rolle, und die zwischenmenschliche Chemie muss stimmen. Zeige am besten direkt jetzt, dass du dich in dieser Situation wohlfühlst.
- *Individuelle Bedarfsermittlung:* Diese ist eigentlich schon durch die Stellenausschreibung erfolgt. Das Unternehmen zeigt an, was oder wen es braucht. Zudem stellen die Mitarbeiter des Unternehmens im Gespräch zuerst den Betrieb und den Job kurz vor. Achte genau darauf, was dem Unternehmen bei der Besetzung der Stelle am wichtigsten erscheint. Oft zeigen das die Gesprächspartner an entscheidenden Stellen im Gespräch unbewusst durch ihre Körpersprache sowie durch sprachliche Betonungen. Versierte Verkäufer fassen mithilfe der Technik des aktiven Zuhörens (Abschn. 8.2.2) den Bedarf im Gespräch noch einmal mit eigenen Worten zusammen und greifen das spätestens in der Behandlung möglicher Einwände wieder auf.
- *Produktpräsentation, Nutzenargumente:* Damit ist deine Selbstpräsentation und das sich darauf ergebende zentrale Gespräch gemeint. Die wichtigsten Aspekte wurden in Abschn. 6.5 und 7.3 genannt: Zeige, dass du ein glücklicher Mensch bist, der genau sein Ding macht und seinen Weg voller Neugier weitergehen will. Zeige deine Kernkompetenzen. Das Produkt in dieser Präsentation bist du selbst. Zeige dies in einem Licht, das den Käufer am ehesten zum Kauf animiert. Darüber hinaus kannst du an passenden Stellen Überzeugungstechniken einsetzen, um das Gespräch versiert zu führen und um deinen Nutzen für das Unternehmen gezielt zu verdeutlichen. In Abschn. 7.1 und 7.2 erfährst du, wie das aussehen könnte.
- *Einwände behandeln, Bedürfnisse sicherstellen:* Jeder potenzielle Käufer will noch einmal in Ruhe darüber nachdenken, ob er wirklich kaufen möchte. Der Mensch unterliegt dabei ganz einfach dem selbstverständlichen Gedankengang „Welche Nachteile habe ich womöglich durch den Kauf, und was verpasse ich, wenn ich anders entscheiden würde?". Und im Bewerbungsprozess lautet die Frage des Unternehmens: „Welchen Bewerber nehmen wir? Was wird die richtige Entscheidung sein?" Nun heißt es, diese Zweifel aus dem Weg zu räumen und die vorab herausgearbeiteten Bedürfnisse anzusprechen. Der eigene Nutzen, die eigenen Pro-Argumente müssen nun nochmals genau abgestimmt auf den individuellen Bedarf des Interessenten genannt werden! Es gilt, durch die Blume zu verdeutlichen, dass man genau zu den Suchbegriffen des Unternehmens passt und dass die Entscheidung für einen selbst die richtige sein wird. Wahrscheinlich wird kein Unternehmen direkt sagen: „Wir würden Sie sofort einstellen, wenn da nicht … wäre." Vielleicht hat sich im Gespräch

herausgestellt, dass dir aus Sicht des Unternehmens beispielsweise bestimmte Erfahrungen oder Soft Skills fehlen. Sprich dann ungefragt und proaktiv diese Einwände an, beispielsweise so: „Auch wenn ich diese Aufgabe exakt in der Form noch nicht gemacht habe, so werde ich mich dennoch schnell einfinden und dies durch meine Stärken ausgleichen können."

- *Abschluss:* Nun werden nächste, finale Schritte untereinander besprochen. Im Verkauf kann das beispielsweise die Einigung über den Kaufpreis oder der Gang zur Kasse sein. Im Bewerbungsgespräch ist das meistens die typische Verabschiedung des Unternehmens: „Vielen Dank für das freundliche Gespräch. Wir werden uns innerhalb einer Woche unaufgefordert bei Ihnen melden." Nun soll aber nicht der Kunde ausweichend das Gespräch beenden, sondern der Verkäufer muss als Gesprächsführer den letzten Akzent setzen. Das könnte sich im weitesten Sinne so anhören: „Danke nochmals für Ihr Interesse. Ich freue mich, dass wir heute zusammengekommen sind. Sollten Sie noch Fragen haben, dürfen Sie mich jederzeit gerne anrufen." Auch der Bewerber sollte zum Abschluss des Gesprächs hier nochmals Präsenz zeigen und es nicht passiv ausklingen lassen.

> **Tipp**
> Juristisch gesehen ist ein Verkauf der gegenseitige Austausch von Werten mitsamt eines Besitzerwechsels. Dieser Vorgang bringt für alle Beteiligten Rechte und Pflichten mit sich. Das alles erfolgt über Kommunikation und geschieht nur, wenn man voneinander überzeugt ist bzw. sich gegenseitig vertraut. Genau dies stellt der Ablauf eines Verkaufsgesprächs für beide „Vertragspartner" grundlegend sicher.

7.2 Überzeugungstechniken einsetzen

Etwas zielführender verläuft das Gespräch, wenn du Überzeugungstechniken einsetzt. Diese helfen dir, deine Wirkung zu erhöhen, deine Kernkompetenz besser zu verdeutlichen und die Entscheidung für dich schon im Gespräch abzusichern. Hier lernst du nun bewährte und einfach anzuwendende Techniken kennen.

7.2.1 AIDA-Formel

Dieser Begriff stammt aus der frühen Werbepsychologie und beschreibt ein Muster, nach dem Werbung einen Interessenten erreicht und zum Kauf animiert. Im Einzelnen stehen die Buchstaben für folgende Begriffe (Abschn. 2.4.2):

A – Attention: Aufmerksamkeit erzeugen, eine positive Wirkung haben
I – Interest: Interesse wecken, Vorteile und Nutzen zeigen

D – Desire: Bedürfnisse des Interessenten ansprechen, Problemlöser sein
A – Action: Tätigkeit auslösen, positive Kaufentscheidung herbeiführen

Überlege dir somit, wie du in deinem Vorstellungsgespräch passend zu dir, zum Job und zum Unternehmen dieses Muster rhetorisch einsetzen kannst. Achte darauf, eine positive Wirkung mithilfe der Präsentations- und Kommunikationstechniken zu entfalten. Benenne deutlich die Vorteile und den Nutzen, den du mitbringst. Löse durch deine Präsenz den Wunsch aus, dass du zum Unternehmen gehören solltest.

7.2.2   Psychologische Überzeugungsfaktoren

Es gibt sechs unterschiedliche Faktoren, die in einer Verkaufsargumentation einzeln, aber auch kombiniert eingesetzt nahezu unweigerlich zum gewünschten Erfolg führen. Jeder Faktor liegt einem psychologischen Funktionsprinzip des Menschen zugrunde und beeinflusst seine Entscheidungen:

1. *Autorität:* Menschen lassen sich gern von ausgewiesenen Experten überzeugen. Wirkt z. B. ein Verkäufer unsicher, beginnt ein Interessent ihm zu misstrauen. *Tipp:* Zähle erste Erfolge auf (Leistungen im Studium sowie erste im Praktikum gemeisterte Aufgaben) und wirke selbstsicher.
2. *Kongruenz:* Die Überzeugung für etwas gelingt leichter, wenn der Kunde das Gefühl hat, das passt ihm. Wenn seine Werte und Bedürfnisse angesprochen sind, werden seine Einwände kleiner. *Tipp:* Sprich die Wünsche des Unternehmens bzgl. der Stellenbesetzung proaktiv an und verdeutliche darauf abgestimmt, wie du mit deinem Profil diese Bedürfnisse erfüllen kannst. Verdeutliche, dass du der eigentliche Wunschkandidat für diese Stelle bist.
3. *Reziprozität:* Das Prinzip der Gegenseitigkeit, die Reziprozität, besagt, dass man eher geneigt ist, etwas zu geben, wenn man zuvor etwas bekommen hat. Im Verkauf bedeutet dies, dass man eher sein Geld gibt, wenn vorher ein Give-away verschenkt oder ein Rabatt angeboten wurde. *Tipp:* Die einfachste Art etwas zu geben, ist es, ein Lob auszusprechen. Wenn du deine Gesprächspartner hin und wieder lobst, im Stile von „Sie haben meine Bewerbung sehr sorgfältig gelesen", „Danke, dass Sie mir so genau zuhören" oder „Das ist wirklich eine sehr reizvolle Position für mich", sammelst du jedes Mal heimlich Pluspunkte.
4. *Sympathie:* Entscheidungskriterien erscheinen zwar rational und analytisch, doch fällt eine Entscheidung meist nur dann, wenn das angenehme Gefühl „Das ist okay für mich" diese Entscheidung absichert. Die meisten Menschen entscheiden im Zweifel nach dem Bauchgefühl und sind damit zufriedener, als wenn sie sich nur an der Sachlage orientieren. Zudem gehen gute Verkäufer über den Aspekt der Sympathie besser auf ihre Kunden ein als durch aggressive Argumentation. Auch wenn zwei Menschen Ähnlichkeiten, z. B. Alter, Ausbildung, Kleidung, Wortwahl, untereinander haben, steigt die Sympathie. *Tipp:*

Erreiche dieses Okay-Gefühl durch Freundlichkeit und Humor. Zeige, dass du dich in Anwesenheit der vielleicht neuen Arbeitskollegen wohlfühlst, dass du freundlich und neugierig bist, sicher wirken kannst und deine Nervosität im Griff hast, und steige möglichst entspannt auf Humorangebote ein. Achte auf Ähnlichkeiten und Gemeinsamkeiten mit deinem Gesprächspartner und sprich diese beiläufig an.

5. *Soziale Bewährtheit:* Menschen sind soziale Wesen und lassen sich von anderen Menschen unbewusst leiten. Was viele andere tun, kann für einen selbst nicht falsch sein, und die Empfehlung eines Freundes oder Experten kann die eigene Meinung deutlich beeinflussen. Daher sind Arbeitszeugnisse und andere Referenzen eine zusätzliche Entscheidungshilfe – genauso funktionieren Produktbewertungen im Onlinehandel. *Tipp:* Wähle die aussagekräftigsten Arbeits- bzw. Praktikumszeugnisse für deine Bewerbung aus und hole notfalls kurze, persönliche Referenzen ein. Sprich im Vorstellungsgespräch einzelne Passagen daraus an und verweise darauf, dass und vor allem wie frühere Vorgesetzte deine Leistung beurteilt haben. Führe an, aus welchen Gründen sich in der Vergangenheit andere Arbeitgeber für dich entschieden haben.

6. *Limitierung:* Je knapper eine Ware ist, desto begehrter und attraktiver wird sie. Unternehmen bieten beispielsweise Rabattaktionen an, die jedoch nur 24 h gültig sind; Reiseunternehmen bieten Flugtickets zu Schleuderpreisen an, jedoch ist die Anzahl der entsprechend günstigen Sitzplätze streng limitiert. Das erzeugt den Effekt, dass ein Interessent schneller zu einer bestimmten Überzeugung gelangen kann. *Tipp:* Zeige deutlich, dass du diesen Job unbedingt willst – wenn das der Fall ist. Aber lass auch durchblitzen, dass du dich bei anderen Unternehmen beworben hast. Das gilt nicht unbedingt als unhöflich oder überheblich. Alle deine Gesprächspartner wissen erstens, dass du offensichtlich auf Jobsuche bist und dabei alle Hebel in Bewegung setzt, und zweitens, dass man selbst etwas dafür tun muss, wenn man die besten Mitarbeiter bekommen und halten will.

Alle diese Faktoren werden gebündelt im sog. Direktvertrieb genutzt. Damit sind vor allem Haustürverkäufe und private Produktvorführungen gemeint. So gehen beispielsweise Firmen wie Tupper mit ihren Butterbrotdosen sowie auch Vorwerk mit ihren Staubsaugern und Thermomixern vor – und zwar überaus erfolgreich. Erfahrungsgemäß begünstigt es den Erfolg, wenn man sich eine kleine Scheibe davon abschneidet.

7.2.3 Elevator Pitch

Wie in Abschn. 2.4.2 erwähnt, verdeutlicht ein Elevator Pitch schnell und bildhaft, was deine Kernbotschaft bzw. deine Kernkompetenz ist. In aller Regel entwickelt man eine kurze und eine etwas ausführlichere Version. Es kommt dabei auf eine gezielte Wortwahl und beabsichtigte Wirkung an. Denke bitte nochmals an diese beiden Beispiele:

- Kalifornische Smartphone- und Computerfirma: „1000 Songs in deiner Tasche."
- Kulturmanagerin: „Ich bin eine kreative Generalistin."

Beide Aussagen bringen auf den Punkt worum es geht, was der Nutzen des „Produkts" ist, und erzeugen eine Assoziation bzw. ein Bild, das gut in Erinnerung bleibt. Nutze die Möglichkeit des Elevator Pitch und entwickle passende Formulierungen für dein Profil, die du je nach Stellenausschreibung variieren kannst. Ideen für die Beispiel-Bewerbungen in Kap. 3 könnten sein:

- Finanzmanager: „Ich bin ein erfahrener Finanzmanager mit Fokus auf Marketing und Vertrieb – genau das, was für diesen Job wichtig ist."
- Consultant: „Naturwissenschaften, Kommunikation, Analysekompetenz – das bringe ich für Ihre Kunden ein."
- Referentin: „Ich stehe für wissenschaftliche Expertise und internationale Forschungserfahrung."

Diese Sätze hinterlassen einen besonders positiven Eindruck in der Selbstpräsentation, wenn sie überzeugend gesprochen werden. Im besten Fall werden solche Aussagen zwei- bis dreimal im Gespräch wiederholt.
Tipps zur Kreation eines zielführenden Elevator Pitch:

- Kurz halten
- Bildlich sprechen
- Keine bis sehr wenige Fachbegriffe verwenden
- In Erinnerung bleiben
- Zuhörer begeistern
- Nutzen und Passung verdeutlichen
- Positive Assoziationen wecken
- Motivation verdeutlichen
- Knackiger Einstieg
- Zielgruppengerecht formulieren
- Argumente in priorisierter Reihenfolge
- Appell formulieren

Tipp
Bedenke bitte nochmals, dass die Bewerbung und speziell das Vorstellungsgespräch Verkaufsaspekte erfüllen – ob du das wahrhaben willst oder nicht. Daher ist es ein guter Ratschlag, Präsentationstechniken vorsichtig dosiert für sich zu nutzen.

7.3   Tipps für eine gelungene Präsentation

Das Wort „Präsent" ist ein guter Vergleich zu dem, was eine gelungene Präsentation bezwecken kann und soll. Wie bei einem gelungenen Geschenk sollte nicht nur der Inhalt den Beschenkten erfreuen. Denn das Auge isst sprichwörtlich mit. Auch die Verpackung sollte attraktiv wirken, um auf einen ebenso tollen Inhalt hinzuweisen und den Inhalt aufzuwerten. Jede Präsentation wird durch folgende Aspekte auf den Punkt gebracht:

- Vorbereitung
- Analyse der Zielgruppe
- Botschaft und Ziel klarmachen
- Zielgruppengerecht kommunizieren
- Einstieg, erster Eindruck
- Verbale Kommunikation
- Nonverbale Kommunikation, visualisieren
- Argumente vorbereiten
- Kontext: Einleitung – Hauptteil – Schluss

Übertragen auf ein Vorstellungsgespräch bedeutet das im Einzelnen:

- *Vorbereitung:* Die inhaltliche und mentale Vorbereitung geben dir letztendlich die nötige Selbstsicherheit für diese Situation. Inhaltlich gilt es vorzubereiten, was du sagen möchtest und was du vorab über das Unternehmen recherchieren kannst.
- *Analyse der Zielgruppe:* Was ist deinen Gesprächspartnern in dieser Situation wichtig? Wie müssten sie dich erleben, um eine positive Entscheidung fällen zu können? Wer sitzt dir gegenüber, und wie schätzt du diese Personen ein?
- *Botschaft und Ziel klarmachen:* Verdeutliche, warum du überhaupt im Vorstellungsgespräch bist. Bringe deine Kernkompetenz und deinen Nutzen klar auf den Punkt. Sage deutlich und begründet, dass du den Job willst. Lasse deine Emotion, die man vielleicht als „Ich will diesen Job!" bezeichnen könnte, durch Begeisterung und Körpersprache spürbar werden.
- *Zielgruppengerecht kommunizieren:* Ein Vortrag kann noch so gut sein, wenn er aber an den Bedürfnissen des Zuhörers vorbeigeht, wird er als belanglos abgetan. Gehe daher konkret auf die Bedürfnisse deiner Zuhörer ein. Verdeutliche, dass du diese Bedürfnisse erfüllen kannst und willst.
- *Einstieg, erster Eindruck:* Bereits zu Beginn der Begegnung solltest du dich so verhalten, dass man neugierig auf dich wird und mehr von dir kennenlernen möchte. Sei höflich, wirke sympathisch, glücklich, entspannt und menschlich.
- *Verbale Kommunikation:* Passe deine Wortwahl an deine Zuhörer an. Mit einem Professor für Philosophie wirst du anders reden als mit dem Gründer einer Werbeagentur. Beachte im Gespräch, dass Human-Resource-Mitarbeiter im Zweifel weniger Fachbegriffe deines Berufs kennen als der fachliche Vorgesetzte, und dosiere entsprechende Termini für den Zuhörer.

- *Nonverbale Kommunikation, visualisieren:* Achte jederzeit auf deine Körpersprache. Nervöses Zucken mit den Fingern oder einem Fuß sind ebenso unangebracht wie eine zu schlaffe oder zu überheblich wirkende Körpersprache. Setze deine Gestik dezent, aber passend zum Inhalt ein. Nutze deine Atmung, um entspannt zu bleiben und um dein Stimmvolumen auszuschöpfen.
- *Argumente vorbereiten:* Überlege dir vorab, was und in welcher Reihenfolge du es sagen möchtest. Nutze einige der vorgestellten Überzeugungstechniken, um deine Argumente in Szene zu setzen (z. B. rhetorische Stilmittel, Zitate, das Prinzip der Reziprozität, Elevator Pitch).
- *Kontext:* Jede gut strukturierte Präsentation und jedes schlüssige Gespräch folgen einem Metamuster. Sie bestehen aus den Elementen Einleitung, Hauptteil und Schluss. Dieser Spannungsbogen ermöglicht es, dass der Vortrag abgerundet und stimmig wirkt sowie dass etwas in Erinnerung bleibt. Der Kontext – in diesem Fall das Vorstellungsgespräch – gibt vor, wie man diese drei Elemente nutzen sollte. So lassen sich z. B. im Rahmen der Selbstpräsentation Einleitung und Schluss durch die Nennung eines ausformulierten, kurzen Elevator Pitch schlüssig miteinander verbinden.

Falls du der Meinung sein solltest, dass du kein guter Präsenter oder Verkäufer bist, sondern eher ein fachlich versierter Mensch, dann führe dir bitte folgende Aussage genau vor Augen: „Fake it – till you make it!" Tu mal so, als ob du es einfach könntest! Auch wenn es wirklich überhaupt nicht dein Ding ist, im Mittelpunkt zu stehen und andere von dir überzeugen zu wollen, tu doch einfach mal so, als ob es eben doch so wäre und als ob du es ganz einfach könntest. Dieses Um-die-Ecke-Denken hilft dir sehr, um innere Blockaden zu lösen und offen für Neues zu werden.

Denkübung

Führe bitte den folgenden Satzanfang mit deinen eigenen Gedanken weiter: „Vorstellungsgespräche mag ich überhaupt nicht – aber angenommen, ich wäre dabei bereits souverän und überzeugend aufgetreten, dann …"

Was wäre dann? Was tust du, denkst du und erreichst du, wenn du theoretisch nur so tun würdest, als ob? Welchen Rückschluss ziehst du daraus für die Vorbereitung eines Vorstellungsgesprächs? Erlaubt ist jede Antwort – außer dieser einen: „… dann würde ich mich persönlich verbiegen."

7.4   Drei Übungen für mehr Präsenz

Präsenz, sprich eine positive Ausstrahlung, wird vor allem durch eine entsprechende Körpersprache erzeugt und vermittelt. Und gedankliche Visualisierungen können helfen, die Körpersprache auf die richtige Spur zu bringen. Die folgenden drei Übungen helfen dir in der Vorbereitung sowie auch unmittelbar vor dem Gespräch, um mehr Präsenz zu erleben und auszustrahlen. Alle drei

Techniken stammen aus dem Mentaltraining und werden nicht nur im Sport zur Wettkampfvorbereitung, sondern auch als Bühnentraining von Schauspielern und Vortragsrednern eingesetzt.

Übung 1
- Nimm einen festen Stand ein.
- Atme tief durch die Nase ein.
- Atme vollständig durch den Mund wieder aus.
- Atme erneut durch die Nase tief ein. Lege dabei deine Handflächen auf den Kopf. Beiße mit der oberen Zahnreihe auf die Unterlippe.
- Presse die eingeatmete Luft langsam und vollständig durch den Mund aus. Spanne dabei die Bauchmuskulatur an.

Übung 2
- Nimm einen festen Stand ein.
- Stelle dir vor, durch deine Füße wachsen in die Erde hinein tiefe Wurzeln, die dich mit dem Erdmittelpunkt verbinden.
- Stelle dir vor, dass ein Kraftstrahl durch deinen Körper schießt – von den Füßen über die Körpermitte bis zum Kopf und hoch nach oben darüber hinaus.
- Nimm wahr, wie dieser Strahl deinen ganzen Körper aufrichtet.
- Kippe das Becken leicht nach vorn und ziehe deine Schultern zurück
- Atme tief durch und sage dir, während du deine volle Körperspannung spürst: „Ich schaffe das!"

Übung 3
- Gehe ein paar Schritte durch einen Raum und stelle dir dabei vor, dass du einen 25 kg schweren Sandsack auf den Schultern trägst. Beobachte, wie der Gedanke an den Sack deine Körpersprache beeinflusst.
- Gehe nochmals ein paar Schritte durch den Raum und stelle dir nun vor, wie ein Superman-Umhang an deinen Schultern herabhängt – und zwar der originale Superman-Umhang, der dir Superkräfte verleiht! Beobachte den Unterschied beider Varianten in deiner Körpersprache.

Tipp
Probiere aus, welche Übung bei dir am besten funktioniert. Sobald du eine oder mehrere Übungen ein paar Mal wiederholt hast, stellt sich in deinem Körper ein Lerneffekt ein. Du wirst dann kurz vor einer wichtigen Situation blitzschnell den entsprechenden Gedanken an eine positive Körpersprache aktivieren und Präsenz verkörpern können.

Gekonnt kommunizieren – Grundlagen der professionellen Kommunikation

8

Kommunikation ist das A und O in allen zwischenmenschlichen Beziehungen. Durch die Art und Weise, wie man sich präsentiert und wie man kommuniziert, gehen wichtige Türen entweder auf, oder sie verschließen sich. Im Beruf ist Kommunikation neben der fachlichen Kompetenz das wichtigste Erfolgskriterium. Wer nicht gut mit seinen Vorgesetzten, Kunden, Teamkollegen oder Mitarbeitern kommunizieren kann, wird es im Leben deutlich schwerer haben als jemand, der ein guter Kommunikator ist.

Gerade die zwischenmenschliche Kommunikation kennzeichnet ein Vorstellungsgespräch und ist ein Entscheidungskriterium für weitere Optionen. Während du die Bewerbungsunterlagen zu Hause in aller Ruhe gestalten konntest, geht es nun um eine Situation, die „live" stattfindet und möglicherweise von deinen Emotionen eingefärbt wird. Daher erhält dieses Kapitel den gebotenen Raum in diesem Ratgeber.

Was genau bedeutet es eigentlich, gut zu kommunizieren? Viele Menschen verwechseln den Begriff der guten Kommunikation mit dem Phänomen, einen hohen „Kommunikationsoutput" zu haben oder Menschen mit einer gewissen Portion Humor zu unterhalten, sprich, viel erzählen zu können. Doch nicht die Quantität entscheidet über gut oder schlecht, sondern die Qualität. Und die Qualität liegt ganz oft in dem, was man eigentlich nicht unter kommunizieren versteht: dem Zuhören sowie dem Kontakt zum Zuhörer!

Das Wort „Kommunikation" stammt vom lateinischen *communicare* ab und bedeutet so viel wie „teilen", „austauschen", d. h. etwas gemeinsam zu machen und in Verbindung zu stehen. Strenggenommen und etymologisch betrachtet hat Kommunikation erst mal gar nichts mit reden zu tun – es geht grundlegend vielmehr um Information, um deren Austausch und um eine soziale Komponente. Allerdings läuft es selbsterklärend darauf hinaus, dass ein Großteil der menschlichen Mitteilungen, des Austauschs und der sozialen Interaktion über das Sprechen funktioniert. Aber nicht nur: Ohne zuhören, ohne nonverbale Gesten, ohne das Gefühl einer Verbindung zueinander, manchmal auch ohne Text oder Grafik

© Springer-Verlag GmbH Deutschland, ein Teil von Springer Nature 2019
M. Sutoris, *Der Bewerbungs-Coach*, https://doi.org/10.1007/978-3-662-59458-2_8

kann dieser Austausch nicht stattfinden. Die Frage ist nur, wie und mit welcher Qualität findet dieser Austausch statt? Zudem trüben Missverständnisse und Konflikte die Verbindung zwischen Menschen. Charaktereigenschaften und die individuelle Psychologie dahinter tragen ebenso ihren Teil dazu bei, dass die Kommunikation ein sensibles Thema ist.

> **Hinweis** Was in der schriftlichen Bewerbung die Passung als Grundlage für den Erfolg bedeutet, ist im Vorstellungsgespräch die Kommunikation des Bewerbers sowie dessen Interaktion mit den Gesprächspartnern.

8.1   Verbale und nonverbale Kommunikation allgemein

Wenn du dein Kommunikationsverhalten ganz allgemein verbessern oder speziell für Vorstellungsgespräche trainieren möchtest, so musst du deinen Fokus auf zwei eng zusammengehörende Themen lenken: auf die verbale und nonverbale Kommunikation. Mit der verbalen Kommunikation ist vor allem deine Wortwahl und Rhetorik gemeint, welche Information du wie und in welcher Abfolge mitteilst. Zu der nonverbalen Kommunikation zählen Gestik, Mimik, Körpersprache sowie die Stimme.

Die wichtigste Information, um ein professionelles Grundverständnis von erfolgreicher Kommunikation zu bilden, lautet: Der Ton macht die Musik. Das bedeutet, dass die Art und Weise, wie du eine Information mitteilst, für den Gesprächspartner oft wichtiger und aufschlussreicher ist als die Information selbst. Der nonverbale Teil der Kommunikation entscheidet darüber, wie der verbale Teil aufgenommen und verstanden wird. Das Nonverbale in der Kommunikation ist sozusagen die Verpackung eines Geschenks – dieses Bild diente bereits in Abschn. 7.3 als Metapher für eine gelungene Präsentation. Vielleicht erinnerst du dich an die Aussage „Die Wirkung hat die Fachlichkeit überholt"?

In der Kommunikationspsychologie ist der sog. Dr.-Fox-Effekt gut bekannt. Dieser Effekt besagt, dass man seine Wirkung durch gezieltes, nonverbales Verhalten effektiv steigern kann – sogar so weit, dass dem verbalen Teil der Kommunikation kaum noch eine Bedeutung zukommt. Diese Aussage entstand in einem Experiment, in dem ein Dr. Fox genannter Schauspieler als Arzt getarnt auf einem Medizinerkongress als Vortragsredner auftrat. Die vorgetragene Rede war bewusst inhaltlich falsch und voller Widersprüche formuliert. Durch seine sehr präsente nonverbale Kommunikation, war seine Wirkung allerdings so überzeugend, dass kaum jemand aus dem Fachpublikum den Bluff erkannt hat. Als trainierter Schauspieler konnte er so überzeugend auftreten, dass ihm alles geglaubt wurde.

Ebenso bekannt ist in der Kommunikationspsychologie die 55-38-7-Regel. Diese besagt, dass das Verständnis einer Aussage oder Information zu 55 % durch die Körpersprache, zu 38 % durch die Stimme und nur zu 7 % durch die eigentlichen Worte bestimmt wird. Natürlich sind diese Zahlen diskussionswürdig – aber fest steht allemal, dass der Großteil der Kommunikation von Gestik, Mimik und Stimme abhängt. Ein kleines, dreiteiliges Gedankenspiel mag dies verdeutlichen:

1. Stelle dir bitte einmal vor, wie jemand das Wort „Feder" zu dir sagt und dazu absolut regungslos vor dir steht.
2. Stelle dir vor, wie das Wort „Feder" nonverbal untermalt wird, indem der Sprecher mit den Armen einen Flügelschlag andeutet.
3. Stelle dir vor, wie das Wort „Feder" nonverbal untermalt wird, indem der Sprecher eine schreibende Geste macht.

Welches Bild hast du jeweils vor Augen, wenn du in diesen drei Szenarien das Wort „Feder" hörst? Die meisten Menschen denken im ersten Fall einfach an irgendwas. Im zweiten Szenario denken sie konkret an eine Vogelfeder und im dritten an einen Füllfederhalter. Die Art und Weise der nonverbalen Kommunikation kann ganz wesentlich darüber entscheiden, wie eine Botschaft aufgenommen wird und wie man auf andere Menschen wirkt.

Stelle dir nun bitte zwei ähnliche Szenarien innerhalb eines Vorstellungsgesprächs vor. Der Bewerber sagt: „Ich bin gut ein darin, ein Team zusammenzuhalten." Er sitzt in dieser Szene bei seiner Aussage völlig regungslos da. Im zweiten Szenario jedoch untermalt er diese Aussage mit einer bestimmten Gestik. Er dreht die Handflächen nach oben, öffnet einladend seine Arme, lächelt dabei freundlich und redet mit einer ruhigen, glaubhaften Stimme. In welchem Fall wirkt die Aussage wohl glaubhafter und erzeugt weniger kritische Rückfragen?

Den Zusammenhang der verbalen und nonverbalen Kommunikation kann man sich wie einen Eisberg im Wasser vorstellen (Abb. 8.1). Der sichtbare Teil ragt aus dem Wasser hervor – es ist die Spitze, die im Verhältnis zur ganzen Masse

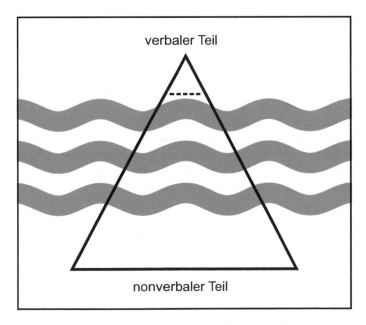

Abb. 8.1 Zusammenhang der verbalen und nonverbalen Kommunikation

des Eisbergs winzig erscheint. Der große Teil des Bergs bleibt unsichtbar unter der Wasseroberfläche verborgen, doch ist er das, was den Kern und das Verhalten des gesamten Eisbergs eigentlich ausmacht. Der untere Teil ist das Symbol für die nonverbale Kommunikation. Auch wenn sie nicht wirklich als Erstes im Aufmerksamkeitsfokus liegt, so ist sie doch der Löwenanteil an der Kommunikation. Der verbale, sichtbare bzw. hörbare Teil ist nur ein kleines Element von etwas größerem Ganzen.

Die meisten Bewerber legen bei ihrer Vorbereitung auf ein Vorstellungsgespräch etwa 100 % ihrer Aufmerksamkeit auf die verbale Kommunikation. Sie überlegen sich genau, *was* sie sagen wollen, um zu überzeugen. Wenn nun die 55-38-7-Regel gilt, dann wirkt diese Vorbereitung jedoch nur zu 7 % auf den Gesprächspartner. Die restlichen 93 % des Wirkungspotenzials werden sozusagen verschenkt, da sie nicht weiter bedacht werden. Das *Wie* wird nicht in die Vorbereitung mit einbezogen. Der Ton macht die Musik!

> **Tipp**
> Nutze den Dr.-Fox-Effekt für dich!

8.2 Basics der Kommunikation im Vorstellungsgespräch anwenden

Kommunikation professionell zu verstehen, bedeutet, dass man ein Stück weit wie ein Handwerker denkt: Es gibt Werkzeuge, mit denen man ein Problem lösen oder ein gewünschtes Ergebnis erzielen kann. Normalerweise spielt das zu bearbeitende Material mit und lässt sich von den Werkzeugen formen – und manchmal eher nicht so ganz wie gewünscht. Manchmal muss man als Handwerker improvisieren und hoffen, dass man die richtigen Werkzeuge in seiner Toolbox hat und diese richtig einzusetzen vermag. Die Voraussetzung ist jedoch, dass man sein Handwerk einigermaßen professionell gelernt hat.

Populäres Wissen über das Thema der Kommunikation ist ein guter Nährboden für eine Professionalisierung. Das in unserer Kultur verbreitete Allgemeinwissen zur zwischenmenschlichen Kommunikation ist allerdings überschaubar und kann mit folgenden Aussagen zusammengefasst werden:

- Kommunikation findet verbal und nonverbal statt (Abschn. 8.1)
- Kommunikation hat eine Sach- und eine Beziehungsebene.
- Wer fragt, der führt.
- Körpersprache im Gespräch bedeutet Augenkontakt halten und nicht die Arme verschränken.
- In Konflikten gibt es einen Gewinner und einen Verlierer.

Im Folgenden erfährst du, was das allgemein sowie im Vorstellungsgespräch zu bedeuten hat.

8.2.1   Kommunikation hat eine Sach- und eine Beziehungsebene

Ja, und sie enthält zudem noch eine Appellebene sowie eine Selbstaussage. In jeder Kommunikation stecken somit vier Elemente:

1. Die *Sachebene* bezeichnet das Thema, über das gesprochen wird.
2. Die *Beziehungsebene* kennzeichnet die Personen in ihrer Rolle sowie den Kontext, in dem ein Gespräch stattfindet.
3. Die *Appellebene* ist meist versteckt und verbirgt oft die Information, dass einer der Gesprächspartner etwas für den anderen tun bzw. unterlassen soll.
4. Die *Selbstaussage* gibt eine Metainformation – eine Gefühlslage oder ein unausgesprochenes Bedürfnis – über den Sprecher preis, die für das Gespräch sehr wichtig sein kann.

Eine Aussage nur auf die beiden Ebene der Sache und Beziehung zu reduzieren, kann nicht nur im Vorstellungsgespräch fatal sein. Wichtige Informationen gehen unter und Missverständnisse sind vorprogrammiert. Und je nachdem auf welcher dieser vier Ebenen eine Aussage interpretiert wird, fällt die Reaktion darauf unterschiedlich aus. Versteht man Aussagen eher auf der Beziehungseben, so nimmt man viel zu oft Dinge persönlich, die gar nicht persönlich gemeint waren. Hört man hingegen in jeder Aussage einen Appell, meint man, immer etwas für die Menschen in seinem Umfeld tun zu müssen.

Beispiel für eine Aussage und die Reaktion darauf

- Recruiter zu Bewerber: „Können Sie sich wirklich schnell einarbeiten?"
- Interpretation auf der Beziehungsebene: Der denkt wohl, ich sei nicht gut genug?
- Reaktion: Patzige Antwort.
- Wechsel zur Sachebene: Es fehlt noch ein Arbeitsbeispiel oder Argument für mich.
- Reaktion: Selbstbewusste Antwort.

Beispiel für eine eigene Argumentation, die alle vier Ebenen berücksichtigt

1. Beziehungsebene: „Danke, dass Sie mich eingeladen haben. Anhand Ihrer Fragen merke ich, dass Sie meinen Lebenslauf sehr aufmerksam gelesen haben, und das freut mich."
2. Sachebene: „Es ist mir wichtig zu erwähnen, dass ich meine Erfahrung im Bereich xy gut in diese Position einbringe."
3. Appell: „Sie dürfen mich guten Gewissens einstellen, ..."
4. Selbstaussage: „... weil ich mich ganz und gar in der Aufgabenbeschreibung wiederfinde."

Tipp
Beachte, dass du Aussagen deiner Gesprächspartner auf allen vier Ebenen erfasst und ebenso auf allen vier Ebenen klare Botschaften sendest, damit du das Gespräch an wichtigen Stellen aktiv in eine für dich gute Richtung führen kannst.

8.2.2 Wer fragt, der führt

Wer fragt, der führt. Diese Aussage ist ganz essenziell. Es kommt eben nicht nur darauf an, kluge Dinge zu sagen, sondern ebenso kluge Fragen zu stellen. Wer die ganze Zeit den aktiven Rednerpart einnimmt, erliegt der Gefahr, sein Gegenüber zu sehr zu strapazieren. Fragen sorgen dafür, dass sich der Gesprächspartner ernst genommen fühlt und in das Gespräch eingebunden wird. Ansonsten ist die Kommunikation eine monologische Einbahnstraße.

Stelle dir doch bitte mal vor, dass dich dein Arzt, dem du deine Symptome beschreibst, nicht einmal fragt, wie du dich fühlst und was genau dir fehlt – würdest du ihm vertrauen, dich richtig zu behandeln? Oder fändest du es besser, wenn er sich eingehend über deine Symptome und deinen Gesundheitszustand durch viele Fragend informiert? Wer viele Fragen stellt, der wird als interessiert und fachlich versiert wahrgenommen. Der Gedanke, im Vorstellungsgespräch keine Fragen stellen zu dürfen, weil man sich nicht bloßstellen möchte, ist völlig fehl am Platz. Schau dir bitte einmal an, welche Arten von Fragen es gibt:

- *Geschlossene Fragen:* Sie werden auch als Ja- oder Nein-Fragen bezeichnet und erlauben nur eine kurze Antwort. Beispiel: „Wie war es heute in der Schule?" Antwort: „Gut."
- *Offene Fragen:* Dieser Fragetypus ermuntert zu einer ausführlichen Antwort und lässt dem Gesprächspartner mehr Raum. Beispiel: „Was hast du heute in der Schule erlebt?" Antwort: „Wir hatten zuerst Mathe … und in der Pause habe ich …"
- *Suggestive Fragen:* Solche Fragen implizieren eine Unterstellung und sind bewusst oder unbewusst manipulativ. Beispiel: „Du hast doch bestimmt in der Schule wieder die Lehrer geärgert?" Antwort: „Wieso sollte ich?"
- *Rhetorische Fragen:* Auf rhetorische Fragen wird eigentlich gar keine Antwort erwartet, weil sie durch die Fragestellung an sich eigentlich schon beantwortet wurde. Beispiel: „Möchtest du dir jetzt bitte die Schuhe anziehen, damit du pünktlich zur Schule kommst?"

In einem professionell geführten Gespräch stellt der geschulte Kommunikator zu Beginn viele offene Fragen, um die Kommunikation in Gang zu bringen. Am Ende des Gesprächs folgen eher geschlossene Fragen, um verbindliche Aussagen hervorzurufen. Suggestive und rhetorische Fragen sollten hingegen vermieden werden, wenn sich die Gesprächspartner auf Augenhöhe begegnen wollen. All das gilt natürlich auch für ein Vorstellungsgespräch. Ein Beispiel für eine zugleich suggestive und rhetorische Frage lautet: „Der Firmenwagen wird doch sicherlich komfortabel sein und darf daher auch privat genutzt werden?". Besonders geschickt ist es, das sog. aktive Zuhören anzuwenden. Dies ist eine Technik, die du einsetzen kannst, um durch kluges Fragen eine gute Atmosphäre für deinen Gesprächspartner zu erzeugen. Dadurch fühlt er sich wohl und von dir verstanden. Die Fragen wirken dann besonders klug und förderlich, wenn du dabei das vom Gegenüber gesagte zwischen den Zeilen zusammenfasst und so verdeutlichst, dass du ihn genau verstanden hast, z. B. so: „Ihnen ist also wichtig, dass …" oder „Wenn ich Sie richtig verstehe, geht es in Ihrem Unternehmen besonders um …" – wer fragt, der führt und hinterlässt einen guten Eindruck.

▶   **Hinweis** Zur Erinnerung sei nochmals erwähnt, dass es in der Kommunikation um ein Miteinander geht und in der Präsentation um den Zuhörer. Beide Punkte kannst du über angemessene Fragen sicherstellen.

8.2.3 Körpersprache im Gespräch

Körpersprache im Gespräch bedeutet Augenkontakt halten und nicht die Arme verschränken? Das Bewusstsein über die nonverbale Sprache ist in unserer Kultur kaum entwickelt. Es gibt noch viel mehr Möglichkeiten, als nur auf Augen und Arme zu achten – sowohl bei sich selbst als auch bei den Gesprächspartnern. Folgende vier Punkte gehören zur nonverbalen Kommunikation:

1. *Mimik:* Blickrichtung, Ausdruck der Augen, Stirnfalten, Hautfarbe, Mundstellung
2. *Gestik:* Arme, Hände, Finger
3. *Stimme:* Tempo, Tonhöhe, Klang, Rhythmus, Dialekt
4. *Körpersprache:* Bewegung und Stellung von Kopf, Schultern, Oberkörper, Beinen; Geschwindigkeit und Radius der Bewegung; Atmung, eventuelle Schweißbildung

Passt das alles zur Aussage, und wie ist daraufhin die Wirkung der Person allgemein? Wie viele davon beachtest du in deinen alltäglichen Gesprächen mit deinen Mitmenschen? Besonders interessant wird es, wenn in einem Gespräch alle diese vier Punkte zum Ausdruck kommen. Normalerweise versprachlicht man in der verbalen Kommunikation ganz bewusst seine Gedanken, indem man sich überlegt, was man mit welchen Worten sagen möchte. Die nonverbale Kommunikation findet hingegen ganz unbewusst und eher automatisch statt. Kaum jemand ist darauf trainiert, seine körpersprachlichen Signale bewusst einzusetzen. Professionelle Schauspieler lernen das im Rahmen ihrer Ausbildung, um je nach Bedarf eine gewünschte Wirkung auf ihre Zuschauer bzw. Zuhörer zu erzielen. Doch auch ein Vorstellungsgespräch sollte eine professionelle Situation sein und nicht nur auf ein reines Fachgespräch reduziert werden. Rufe dir nochmals die 55-38-7-Regel ins Gedächtnis: Der Löwenanteil des Erfolgs einer Kommunikation hängt von der nonverbalen Verhaltensweise ab – und ein Vorstellungsgespräch ist nichts weiter als pure Kommunikation.

In vielen Ratgebern und Online-Portalen sind zwei Arten von Fotos zu sehen, die ein Vorstellungsgespräch nachstellen. Die eine Art von Fotos zeigt Körpersignale, die dem Bewerber angeblich zu empfehlen sind, z. B. aufrechtes Sitzen. Und die andere zeigt solche, die es zu vermeiden gilt, beispielsweise vor der Brust verschränkte Arme. Solche Fotos mit vordefinierten Haltungen sind mit größter Skepsis zu sehen. Bitte schaue dir dort keine Bewegungsmerkmale für dein Vorstellungsgespräch ab, denn es könnte zu gestellt wirken. Verkrampfte Bewegungen oder die Verhinderung authentischer Körpersprache werden von erfahrenen Personalern sofort entlarvt und als überspielte Unsicherheit gedeutet. Halte dich lieber an Tipps, die dem gesunden Menschenverstand entspringen, und zeige dich möglichst authentisch. Das bedeutet, dass du z. B. nicht den Kopf gelangweilt auf die Hände stützt oder mit den Fingern auf den Tisch klopfst.

Viel wichtiger als einstudierte Bewegungen ist der direkte Kontakt der Gesprächspartner zueinander. Wenn die Chemie stimmt, achtet man viel weniger darauf, was oder wie man etwas sagen möchte oder vermeintlich sagen muss. Jeder gesunde Mensch verfügt über Spiegelneuronen, die dafür sorgen, dass man andere Menschen verstehen und sich in sie hineinversetzen kann. Wenn sich beispielsweise zwei Freunde angeregt unterhalten, werden beide vom jeweils anderen wissen, wie er sich fühlt und was während des Gesprächs in ihm vorgeht. Würde man als Außenstehender ein Gespräch zwischen solchen Freunden beobachten, merkt man schnell, dass beide die gleichen nonverbalen Signale aussenden. Es geschieht unwissentlich, doch normalerweise spiegeln sich zwei Menschen, die sich angeregt unterhalten, wortwörtlich in ihrer Körpersprache. Sie zeigen z. B. die gleiche Körperhaltung, führen dieselbe Geste zeitgleich aus oder lachen im selben Moment. Die Spiegelneuronen sorgen dafür, dass das soziale Wesen Mensch einen guten Kontakt zu anderen Individuen aufbaut, und sie zeigen dieses Wohlwollen der Gemeinschaft, indem die Signale des Gesprächspartners kopiert werden. Das ist ein völlig normaler, jedoch unbewusster Vorgang. Achte doch einmal in deinen Gesprächen darauf, wann und wie sich deine Körpersprache an dein Gegenüber oder eben sich dein Gegenüber deinen Bewegungen anpasst. Du wirst überrascht sein, wie oft das bei Freunden passiert. Vor allem dann, wenn ihr in einem Gespräch gleicher Meinung seid.

Aus diesem Phänomen lassen sich zwei Rückschlüsse ziehen: erstens, dass die Kommunikation gut verläuft, wenn die Gesprächspartner identische und ähnliche nonverbale Signale aussenden, und zweitens, dass sich ergo die Kommunikation verbessert, wenn man die Körpersprache des Gegenübers aufgreift.

Für dein Vorstellungsgespräch bedeutet das, dass du die zwischenmenschliche Chemie zu den Mitarbeitern des Unternehmens überprüfen kannst. Zeigen sie eine ähnliche Körpersprache wie du? Vielleicht dieselbe Bewegung mit dem

Arm, das zeitgleiche Aufrichten des Rückens, dieselbe Sitzhaltung? Wenn ja, kannst du davon ausgehen, dass die Chemie in diesem Moment stimmt. Wenn nicht, könnte das darauf hinweisen, dass dir dein Gegenüber inhaltlich gerade nicht folgen kann. Im Umkehrschluss kannst du das eine oder andere nonverbale Signal deines Gegenübers spiegeln. Wenn du das unauffällig und dezent tust, indem du beispielsweise die gleiche Haltung der Arme herstellst, kannst du die Chemie schneller verbessern, als wenn du weiterhin eine gegensätzliche Körpersprache „sprechen" würdest. Natürlich unterstützt dich der Inhalt deiner Worte auch weiterhin, wenn du das Gespräch positiv beeinflussen möchtest.

> **Tipp**
> Entwickle eine drei- bis fünfminütige Selbstpräsentation über deine berufliche Vita. Trage sie vor einigen Freunden vor und zeichne den Vortrag auf. Führt anschließend gemeinsam eine Videoanalyse – einmal mit und einmal ohne Ton – durch, sodass du Feedback zu deiner Körpersprache bekommst. Ziehe Rückschlüsse daraus und verbessere dich!

8.2.4 Konflikte und Gedanken

In Konflikten gibt es einen Gewinner und einen Verlierer. Oder: Ein Konflikt ist eine Chance, Missverständnisse auszuräumen. Oder: Wenn es zu einem Konflikt kommt, bedeutet das das Ende der Freundschaft. So lauten drei typische Meinungen. Sie sind gegensätzlich, und man könnte sich darüber streiten, was denn nun in Wirklichkeit stimmt. Und genau darum geht es hier beim Thema Kommunikation – was ist Wirklichkeit? Und wie entsteht sie? Oder ist Wirklichkeit nur ein subjektiver Gedanke?

Konflikte mit den Gesprächspartnern hast du normalerweise in einem Vorstellungsgespräch nicht zu befürchten. Und wenn doch einer auftaucht, so ist das definitiv ein sehr schlechtes Zeichen, und das Gespräch wird dankend beendet. Viel interessanter ist an dieser Stelle die Frage, wie sehr die eigene Wahrnehmung und Denkweise dein Verhalten in einem Konflikt bzw. in einer kommunikativen Situation beeinflussen. Wie würde wohl jemand einen Konflikt austragen, der denkt, es gehe ums Gewinnen oder Verlieren? Und wie unterschiedlich würde hingegen jemand einen Konflikt austragen, der aufgrund seiner Erfahrungen meint, dass es um das Klären von Missverständnissen geht?

Angenommen, du erlebst einen innerlichen Konflikt in einem Vorstellungsgespräch, so hängt der Verlauf der Situation wesentlich davon ab, wie du in diesem Moment denkst. Ein innerlicher Konflikt kann so etwas sein wie der Gedanke „Ich will den Job, aber ich glaube, mit meiner Antwort gerade habe ich mich ins Off geschossen." Wenn du diesen Gedanken akzeptierst, wird sich dein Verhalten an dieser Wahrnehmung ausrichten, und es entsteht eine sog. selbsterfüllende Prophezeiung. So können deine Gedanken dazu führen, dass du innerlich aufgibst und aktiv dazu beiträgst, dass das Gespräch ohne Erfolg endet. Gedanken erzeugen live und in Farbe deine Wirklichkeit, indem sie dein Verhalten beeinflussen.

Genau wie in einem zwischenmenschlichen Konflikt trägt deine Denkweise wesentlich dazu bei, wie die Situation verläuft. Man kann nicht immer sagen, dass der andere Schuld daran ist, wenn etwas anders läuft als geplant. Ganz oft trägt man seinen Teil dazu bei, ohne dies zu merken. Wer kann auch schon während eines Gesprächs dem Inhalt folgen und zugleich nonverbale Signale beachten und darüber hinaus auch noch die eigenen Gedanken so steuern, dass sie zu einem positiven Ausgang einer kommunikativen Situation verhelfen? Mit ein wenig Übung geht das schon – auch ein Handwerksmeister musste zu Beginn lernen, wie man einen Hammer richtig verwendet.

Für die Vorbereitung eines Vorstellungsgesprächs ist es für dich wichtig zu wissen, dass du niemals deinen negativen Gedanken unterliegen solltest. Denn solche Gedanken würden dazu beitragen, dass du eben selbst aktiv dazu verhilfst, dass deine kommunikative Wirkung einen für dich negativen Entscheidungskonflikt des Arbeitgebers hervorruft. Negative Gedanken könnten beispielsweise lauten:

- „Ich bekomme den Job bestimmt nicht, weil meine letzte Antwort nicht so klug war."
- „Ich bekomme den Job bestimmt nicht, weil andere Bewerber bestimmt besser als ich sind."
- „Ich bekomme den Job bestimmt nicht, weil mein Gesprächspartner schaut gelangweilt."

Bleibe also Herr deiner Wahrnehmung und erzeuge positive Gedanken. Denn das wird auch eine positive selbsterfüllende Prophezeiung hervorrufen. Solltest du einen dieser negativen, konflikterzeugenden Gedanken wahrnehmen, formuliere diesen in deinem inneren Dialog sofort um, z. B. so: „Ich habe selbst jetzt immer noch sehr gute Chancen, den Job zu bekommen. Auch wenn meine letzte Antwort nicht die klügste war, so kann ich mit meiner nächsten Aussage nochmal zeigen, was in mir steckt." Dieser Gedanke wird dein Verhalten definitiv wieder auf Erfolg ausrichten und deine Chancen erhöhen. Weitere Tipps, wie du positive Gedanken entwickeln kannst, findest du in Abschn. 11.2.

> **Tipp**
> Es gibt Menschen, die stecken andere förmlich mit ihrer guten Laune an. Auch andere Gefühle und Zustände übertragen sich zwischen Gesprächs-partnern – meist unbewusst und unabsichtlich. Wisse, dass dies auch im Vorstellungsgespräch so sein wird. Da du in diesem Gespräch ein bestimmtes Ziel verfolgst, solltest du auch darüber entscheiden, welche Emotionen sich zwischen den Beteiligten übertragen. Lege darum vor dem Gespräch für dich fest, was du auf der zwischenmenschlichen Ebene vermitteln möchtest

und welches Verhalten dazu passt. Wenn du das Gefühl von wissenschaftlicher Kompetenz transferieren möchtest, musst du dich anders verhalten, als wenn du zeigen möchtest, dass du ein extrovertierter Vertriebler bist. Deine Gedanken steuern dein Verhalten und bestimmen entsprechende Transfereffekte – wähle sie daher mit Bedacht aus.

Persönliches Ziel definieren

Ob du einen Job wirklich willst, kannst du eigentlich erst nach dem Vorstellungsgespräch entscheiden. Manchmal scheint eine Stellenausschreibung der absolute Traumjob zu sein, doch im Gespräch stellt sich leider heraus, dass entweder die Aufgaben doch nicht so reizvoll sind oder dass die Chemie zu den dort arbeitenden Menschen nicht passt. Der umgekehrte Fall kommt auch vor. Vielleicht hast du dich eher aus einem Pflichtgefühl anstatt aus purer Motivation heraus auf eine dröge wirkende Ausschreibung beworben, und im Vorstellungsgespräch stellt sich heraus, dass dich der Job absolut begeistert.

Auch wenn die Not groß sein sollte, versuche dich nicht von dem Gedanken leiten zu lassen, jeden Job anzunehmen. Nimm das Vorstellungsgespräch als Entscheidungshilfe an – dasselbe gilt für das Unternehmen.

Mache dir wirklich klar, was du im Vorstellungsgespräch erreichen möchtest. Vielleicht geht es dabei gar nicht um deinen Traumjob, und du möchtest die Einladung einfach als Training nutzen? Vielleicht möchtest du dich erst mal über das Unternehmen informieren und ein wenig Stallgeruch schnuppern? Oder ist es dein oberstes Ziel, das Gespräch unbedingt mit der Jobzusage abzuschließen? Jedes Ziel erfordert ein unterschiedliches Verhalten, damit es erreicht werden kann. Wenn es dein Ziel ist, den Job zu bekommen, dann kommuniziere das Ziel im Gespräch deutlich und verhalte dich entsprechend. Und wenn du das Gespräch nur zu Trainingszwecken wahrnimmst, dann erlaube dir ruhig ein wenig zu experimentieren, z. B. indem du dich im „Verkaufspart" ein wenig zu weit aus dem Fenster lehnst.

© Springer-Verlag GmbH Deutschland, ein Teil von Springer Nature 2019
M. Sutoris, *Der Bewerbungs-Coach,* https://doi.org/10.1007/978-3-662-59458-2_9

Tipp

Um in kommunikativ herausfordernden Situationen einen kühlen Kopf zu bewahren, solltest du zwei klare Gedanken haben.

1. Was ist dein Ziel? Formuliere es anhand der SMART-Kriterien (Abschn. 26.1).
2. Wie wirst du es erreichen? Nutze die passenden Kommunikationstechniken.

Die fachliche Vorbereitung 10

An dieser Stelle hilft wieder der zu Beginn von Teil II genannte Vergleich zu einem Leistungssportler sehr effektiv weiter. Profisportler müssen im richtigen Moment genau die Leistung erbringen, die über Erfolg oder Misserfolg entscheidet. Um das zu schaffen, berücksichtigt ihre Wettkampfvorbereitung zwei Aspekte: die fachliche und die mentale Vorbereitung. Tipps zur mentalen Vorbereitung erhältst du in Abschn. 11.2 – hier geht es zunächst um den fachlichen Teil. Die Aufgaben, die du dabei zu meistern hast, sind von der Anzahl her überschaubar, aber dafür unerlässlich. Fachlich vorbereitet zu sein, gibt dir ein Stück mehr Sicherheit an die Hand. Ein Sportler, dem Fachwissen über seine Sportart, über Wettkampfregeln, über seinen Gegner fehlt, der hat sein Training nicht vollständig absolviert und wird nie zum Erfolg kommen.

10.1 Recherche über das Unternehmen

Wenn dich der Job wirklich interessiert, solltest du alle wichtigen und auch aktuellen Informationen über das Unternehmen in Erfahrung bringen. Besuche in jedem Fall die Website des Unternehmens, bevor du zum Vorstellungsgespräch fährst. Denn einerseits findest du wichtige Informationen über das Unternehmen und die Leistungen, die es anbietet: Im Vorstellungsgespräch wird ohnehin abgefragt, ob und wie weit du dich vorab damit befasst hast. Es wird damit geprüft, ob du dich mit dem Unternehmen identifizieren kannst. Andererseits bekommst du anhand der Gestaltung der Website einen Eindruck über die Unternehmenskultur, die dich womöglich erwartet: Wirkt die Website eher business-like (häufig vorzufinden bei Consulting-Firmen), eher leger (häufig vorzufinden bei kleineren Unternehmen) oder vielleicht altbacken, spießig, modern, international usw.? Für den Fall, dass du unschlüssig bist, wie genau du Design und Anschreiben für diese Stellenausschreibung gestalten sollst, welche Kleidung die richtige ist oder welche Menschen dir wohl begegnen werden, findest du anhand der Wirkung der Website eine

© Springer-Verlag GmbH Deutschland, ein Teil von Springer Nature 2019
M. Sutoris, *Der Bewerbungs-Coach*, https://doi.org/10.1007/978-3-662-59458-2_10

kleine Orientierungshilfe. Schaue auch nach, ob die Mitarbeiter mit Fotos präsent sind – wie sieht die Geschäftsführung, die Personalleitung und evtl. dein neuer Vorgesetzter mit seinem Team aus? Wenn sich das Unternehmen eher leger präsentiert, muss dein gewählter Sprachstil auch nicht staubtrocken sein, sondern du kannst dann etwas umgangssprachlicher bzw. „menschlicher" formulieren. Und wenn die Wirkung extrem seriös ist, wäre es ratsam, deinen Stil daran anzupassen und eine eher klassische Sprache zu wählen. Suche auch – wenn möglich anonym – die Social-Media-Profile der Mitarbeiter auf, die dich zum Gespräch eingeladen haben.

Finde zudem heraus, wie viele Mitarbeiter das Unternehmen beschäftigt, welche Umsätze es realisiert, in welchen Ländern Firmensitze oder Kunden ansässig sind und natürlich welche Produkte es anbietet. Lies auch die Newsmeldungen auf der Website und schaue dir die aktuell wichtigen Informationen an, die das Unternehmen kommuniziert, z. B. Teilnahme an Messen. Und direkt vor dem Gespräch solltest du die Stellenausschreibung nochmals sehr sorgfältig lesen und zu allen Keywords etwas Passendes sagen können.

10.2   Recherche über die Branche

Finde heraus, welche Kunden und Wettbewerber das Unternehmen hat. Besonders punkten kannst du, wenn du einige Namen der Geschäftsführer von Kunden und Wettbewerbern parat hast. Welche Messen und Fachzeitschriften sind der Branche zuzuordnen? Informiere dich hierüber auf entsprechenden Websites. Sehr wichtig ist es zu wissen, welche Trends und Probleme sowie welche gesetzlichen Rahmenbedingungen die Branche derzeit bewegen. Im Bestfall verfügst du über persönliche Kontakte in deinem Netzwerk, die du zu diesen Aspekten befragen kannst.

10.3   Kenne deinen Lebenslauf und deine Pluspunkte

Idealerweise hast du für jede Stelle eine individuelle Bewerbung gestaltet. Arbeite deine eigenen Unterlagen vor dem Gespräch nochmals aufmerksam durch. Merke dir, was genau du geschrieben und wie du die Passung verdeutlicht hast. Bedenke auch, welche Informationen du im Lebenslauf möglicherweise ausgeklammert hast. Bereite dann zwei bis drei Argumente vor, die unweigerlich erkennen lassen, dass du der Richtige, der „Passende" für den Job bist, und reichere diese mit den hier vorgestellten Kommunikationstechniken an.

Tipp
Was dir möglicherweise an Berufserfahrung fehlt, kannst du durch umfangreich recherchiertes Wissen hervorragend ausgleichen.

Mentale Vorbereitung

11

Wenn du dich bis zu diesem Kapitel durchgearbeitet hast, sind drei von vier Elementen der Zauberformel für das erfolgreiche Vorstellungsgespräch bereits abgehakt. Du hast einiges über relevante Präsentations- und Kommunikationstechniken erfahren und weißt, wie du dich fachlich vorbereiten solltest. Nun fehlt eben noch der mentale Teil, mit dem du dir den letzten Schliff für ein sicheres Auftreten geben kannst.

Gewonnen wird im Kopf – das ist nicht nur eine zentrale Aussage, die im Sport über Sieg oder Niederlage entscheiden kann. In vielen Lebensbereichen hat diese Aussage einen großen Wahrheitsgehalt. Dein Verhalten hängt in nahezu jeder Situation davon ab, wie du über die Dinge, die passieren, denkst. Das „Mentale" ist sozusagen das Zünglein an der Waage, das über Erfolg oder Misserfolg entscheiden kann. Überlasse gerade hier nichts dem Zufall und lerne, deine Gedanken stets positiv und konstruktiv zu beeinflussen. Gerade wenn etwas nicht zu deinen Gunsten verläuft, solltest du mental nicht aufgeben und dich umso mehr auf nützliche Gedanken fokussieren.

Das klingt nun vielleicht so, als wäre es leichter gesagt als getan. Doch auch Profisportler müssen lernen und trainieren, mental voll da zu sein, wenn es darauf ankommt. Im sog. Mentaltraining lernt man, sich positiv zu fokussieren, negative Gedanken auszublenden, Selbstsicherheit aufzubauen, das Verhalten – einschließlich der Kommunikation – effektiv zu steuern, Nervosität zu regulieren, eine stabile Gefühlslage zu entwickeln und wie man sich innerlich aufbaut, wenn es mal nicht so gut läuft wie erhofft. Daher werden in diesem Kapitel einige Übungen des Mentaltrainings vorgestellt, die nicht nur Profisportlern weitergeholfen haben.

> **Tipp**
> Meistere das Vorstellungsgespräch mit der psychologischen Komponente. Nutze die positiven Effekte, die mentales Training ermöglicht.

© Springer-Verlag GmbH Deutschland, ein Teil von Springer Nature 2019   121
M. Sutoris, *Der Bewerbungs-Coach,* https://doi.org/10.1007/978-3-662-59458-2_11

11.1 Visualisieren

Das Visualisieren ist die geistige Vorwegnahme einer möglichen Zukunft durch das Entwickeln innerer Bilder. Was zunächst sehr kompliziert klingt, ist eigentlich ganz einfach. Lass dein Kopfkino laufen und stelle dir bildlich vor, wie das Vorstellungsgespräch vonstattengehen könnte. Natürlich geht es nicht darum, einen fiktiven Wunschfilm zu drehen, dem die Realität wie einem ausformulierten Drehbuch folgt. Psychologisch betrachtet sorgen innere Bilder dafür, dass du dein Unterbewusstsein darauf vorbereitest, dich in der echten Situation positiv steuern zu können – sofern du denn positive Bilder und nicht negative visualisierst. So kann es nämlich gut sein, dass aus einer Wunschvorstellung eine selbsterfüllende Prophezeiung wird.

Beispielsweise stellen Sportler sich regelmäßig mental vor, wie sie ihren Wettkampf gewinnen. Diese Bilder reichern sie mit vielen Details an. So stellen sie sich vor, an welchem Ort sie sich befinden werden, zu welcher Tageszeit alles geschieht, wie der Gegner aussieht, welche Kleidung sie tragen, wie sie sich bewegen, welche Geräusche wahrnehmbar sind und in welche Emotion diese Situation sie versetzt. Diese inneren Bilder sind keine Garantie für den Sieg, aber sie spornen unbewusst zu Höchstleistungen an. Denn gerade positive Bilder, die eine hohe Attraktivität ausstrahlen, sind ein gewaltiger Motivationsschub. Wenn du unter Stress stehst, lernt deine Psyche durch das Visualisieren, dein Verhalten so zu programmieren, wie die inneren Bilder es vorab gezeigt haben.

Solltest du nun den Gedanken haben, dass du visualisierst, wie du einen Millionenbetrag im Lotto gewinnst, so mache dir bitte keine allzu großen Hoffnungen, dass es mit dieser Mentaltechnik auch klappt. Diese inneren Bilder sind höchstwahrscheinlich eine hervorragende Motivation, die entsprechenden Lose zu kaufen – aber ohne Gewähr auf Erfolg. Es kommt nämlich darauf an, Situationen realistisch zu visualisieren und Verantwortung für den eigenen Beitrag zum gewünschten Ergebnis zu übernehmen. Wenn ein Sprinter visualisiert, dass er im Wettlauf von einem Gegner überholt wird und in der Realität daraufhin alle seine letzten Kraftreserven bündelt und einen Funken schneller läuft, so ist die Wahrscheinlichkeit durchaus sehr hoch, dass genau dieses Leistungsplus im echten Wettkampf unbewusst so abgerufen wird, wie er es vorab visualisiert hat! Genau darum nutzen Sportler Mentaltraining, und das Visualisieren ist eine mögliche Form davon.

Doch nun bist du dran – es geht ganz einfach. Nimm dir etwa zehn Minuten Zeit für die folgenden Übungen. Sorge dafür, dass du völlig ungestört bist, und entwickle möglichst konkrete Bilder bei jedem der folgenden Punkte:

1. Nimm zuerst eine bequeme Sitz- oder Liegeposition ein. Schließe deine Augen und entspanne deinen ganzen Körper. Atme einige Male tief ein und wieder aus.
2. Visualisiere, wie du am Vorabend des Vorstellungsgesprächs deine letzten Recherchen erledigst und dir dazu Notizen anfertigst. Stelle dir vor, wie sich die emotionale Mischung aus positiver Erwartung und Aufgeregtsein für dich anfühlt.

3. Entwickle innere Bilder davon, wie du hervorragend schläfst (zu Hause, im Hotel, bei einem Freund?) und am Morgen erholt und voller Energie aufwachst. Stelle dir auch deinen Tagesablauf detailliert vor, z. B. vom Frühstück bis zum Anziehen der entsprechenden Kleidung, die du im Gespräch tragen wirst. Wie fühlt sich wohl diese Kleidung für dich an? Bist du der, den diese Kleidung verkörpert? Wenn ja, erlaube dir, dich gut zu fühlen.

4. Stelle dir die Anfahrt zu dem Unternehmen vor. Welche Gefühle begleiten dich auf der Fahrt? Und wie wird es sein, das Unternehmen zu betreten?

5. Visualisiere die Einzelheiten des Gesprächs von Beginn an: Welche Menschen sitzen dir wohl gegenüber, und wie könnte der Raum aussehen? Wie begrüßt du deine Gesprächspartner, und welches Getränk nimmst du an? Welche Geräusche oder Worte kannst du wahrnehmen?

6. Als Nächstes visualisierst du, wie das Gespräch erfolgreich verläuft, wie du dich bestmöglich verhältst und deine kommunikativen Stärken ausspielst. Nimm wahr, dass du dich dabei selbstsicher und souverän verhalten kannst – so, als ob man unbedingt mit dir zusammenarbeiten möchte.

7. Stelle dir auch vor, wie du dich wieder fängst, wenn du einen Blackout haben solltest oder dir eine unangenehme Frage gestellt wird.

8. Visualisiere, wie die Gesprächspartner lächeln und dir wohlwollend gegenübersitzen. Stelle dir eine zuversichtliche Verabschiedung vor und dass du mit einem viel versprechenden Gefühl, vielleicht sogar verbunden mit ein wenig „Bauchkribbeln", wieder nach Hause fährst.

9. Wiederhole das Ganze einmal täglich und rufe auf der Fahrt zum Gespräch die für dich schönsten Bilder und Gefühle ab, die durch dieses Visualisieren erzeugt wurden. Für diese Wiederholung reichen jeweils zwei bis drei Minuten völlig aus.

11.2 Mentale Mentoren

Ebenfalls sehr beliebt und effektiv ist es bei Sportlern, einen virtuellen Mentor zu finden, der über eine ganz bestimmte Fähigkeit verfügt. Sportler stellen sich in ihrer Vorbereitung auf wichtige Situationen vor ihrem geistigen Auge vor, wie sie einen Wettkampf bestreiten und dabei der mentale Mentor innerlich anwesend ist und entweder Tipps gibt oder mit seinen spezifischen Fähigkeiten aushilft. So kommt es z. B. vor, dass sich ein angehender Golfspieler vorstellt, dass Tiger Woods, der Golfprofi schlechthin, sein mentaler Mentor wäre. Nun entwickelt der Golfer innere Bilder davon, wie ihm Tiger Woods Mut zuspricht, Tipps gibt und selbst im Wettkampf noch ein wenig Feintuning bei seinen Schlagbewegungen vornimmt. Auch wenn das nur im Kopfkino stattfindet, so ergibt sich ein unbewusster Lernprozess, der zu besseren Ergebnissen und zu mehr Selbstsicherheit im realen Golfturnier führt.

Diese bestimmte Mentorenfähigkeit sollte eine Kompetenz sein, die du im Vorstellungsgespräch zwar gerne hättest, bei dir aber nicht ausreichend ausgeprägt ist. Wenn dir die Kompetenz „selbstsicher wirken" fehlt, dann frage dich, wer könnte ein gutes Vorbild für diese Fähigkeit sein? Infrage kommen reale Personen, die du persönlich kennst, prominente Personen, die du nicht persönlich kennst, sowie fiktive Charaktere. Letzteres kann z. B. Superman oder einfach nur ein Löwe sein, wenn es um die Fähigkeit, selbstsicher aufzutreten, gehen sollte. Probiere es einfach einmal aus. Im Grunde funktioniert es ganz ähnlich wie das vorhin beschriebene Visualisieren:

1. Denke an die Einladung zu einem Vorstellungsgespräch. Visualisiere, an welchem Ort du sein wirst, wie das Gebäude aussieht, wie du in einem Büro oder Konferenzraum unbekannten Menschen in deinem Bewerbungsoutfit gegenübersitzt und wie sich das für dich anfühlt.
2. Benenne eine Fähigkeit, die du in dieser Situation gut gebrauchen könntest. Finde einen passenden Mentor, der über diese Fähigkeit in vollstem Umfang verfügt.
3. Stelle dir vor, wie dieser Mentor (auch wenn es Superman sein sollte) das Vorstellungsgespräch mithilfe dieser Fähigkeit souverän und erfolgreich meistert. Entwickle innere Bilder vom Verhalten deines Mentors: Wie bewegt er sich? Wie redet er? Wie denkt er in dieser Situation?
4. Gehe das Vorstellungsgespräch nochmals innerlich durch. Allerdings stellst du dir vor, dass du nun über jene Fähigkeit deines Mentors verfügst und dich genauso souverän und erfolgreich verhältst wie er.
5. Wiederhole das so lange, bis du dir selbst glaubst, dass du es genauso gut – zumindest annähernd so gut – wie dein Mentor schaffen kannst. Rufe dir diese Bilder jedes Mal in Erinnerung, sobald du vor oder in dem Gespräch Unsicherheit verspürst.

11.3 Baue dein Selbstbewusst auf

Wie reagierst du grundsätzlich auf Menschen, die entweder zu wenig oder zu viel Selbstbewusstsein ausstrahlen? Wenn du im Vorstellungsgespräch zu wenig Selbstbewusstsein zeigst, entsteht die Wahrnehmung, dass man dir manche Aufgaben nicht zutraut oder dass du bei deinen im Lebenslauf angegebenen Kompetenzen etwas übertrieben hast. Und wenn du im Vorstellungsgespräch zu viel Selbstbewusstsein an den Tag legst, wirst du schnell als überheblicher Blender abgestempelt. Es kommt also auf die richtige Dosierung an. Die genaue Dosis kann man schwer an konkreten Dingen festmachen. Zudem beklagen sich Bewerbungsneulinge eher über mangelndes Selbstbewusstsein als über das Gegenteil. Daher bekommst du hier einige Tipps, wie du dein Selbstbewusstsein stärken kannst:

- *Fokussiere auf diesen Gedanken:* Begegne dem Unternehmen auf Augenhöhe. Auch wenn du zu diesem Zeitpunkt deines Lebens über eher wenige Erfahrungen oder Referenzen verfügst, so bist du nicht ohne Grund zu einem Gespräch eingeladen worden. Du kannst etwas – werde nicht zum Bittsteller.

- *Achte auf deine Körpersprache:* Dies ist wichtig, denn sie beeinflusst maßgeblich, wie du wirkst: Halte Augenkontakt zu allen Gesprächspartnern, richte deinen Rücken gerade auf, vermeide hektische Bewegungen, sprich deutlich.
- *Trainiere deine Körperspannung:* Absolviere – wenn du es nicht eh schon tust – zumindest in der Phase deiner Vorstellungsgespräche Sportübungen. Gerade sog. Core-Training sorgt für eine gute und selbstbewusst wirkende Körperspannung. Entsprechende Übungen trainieren vor allem Bauch, Rücken und Schultern. Man fühlt sich mental stärker, wenn der Körper gestärkt ist. Es gibt zahlreiche kostenlose Apps, die Core-Übungen erklären. Absolviere darüber hinaus die in Abschn. 7.4 vorgestellten Präsenzübungen.
- *Videoanalyse:* Jeder Sportler, der sich selbst nach erfolgreichen sowie auch nach missglückten Wettkämpfen verbessern will, schaut sich zusammen mit seinem Trainer eine Aufnahme des Wettkampfes an, um seine Leistung zu reflektieren. Simuliere mit Freunden ein Vorstellungsgespräch, zeichnet es auf und analysiert anschließend, was du gut gemacht hast und wo du dich verbessern kannst. Schaut es einmal mit und einmal ohne Ton an. Auch wenn das Anschauen dieses Films manchmal nicht schön ist, so ist der Lerneffekt gerade in Bezug auf dein nonverbales Verhalten gewaltig.
- *Perspektivwechsel:* Trainiere ein Vorstellungsgespräch mit Freunden, in dem jedoch du der Personalentscheider bist. Durch diesen Perspektivwechsel fallen dir viele Dinge auf, die du sonst nicht bemerkt hättest. Fertigt auch davon einen Mitschnitt an und wertet das Gespräch anschließend aus.
- *Für ganz Mutige:* Gehe mit dem Gedanken „Ich will den Job eh nicht!" ins Gespräch. Verhalte dich dennoch so, wie es ein optimal motivierter Kandidat besten Gewissens tun würde. Dieser Gedanke hilft dir, dich von Zwängen, die zu einem verkrampften oder nervösen Auftreten führen, zu befreien.
- *Spieglein an der Wand:* Stelle dich selbstbewusst vor deinen Spiegel zu Hause. Schaue dir direkt in die Augen und lächle zugleich selbstbewusst und sympathisch. Sage dir „Ich bin gut, so wie ich bin, und kann alles schaffen." Wiederhole das so lange, bis dir die Übung richtig Spaß macht!
- *Feedback-Dusche:* Triff dich mit engen Freunden und gebt euch gegenseitig positives Feedback. Liste schriftlich alles auf, was über dich gesagt wird. Denkt dabei weit und bezieht deine gesamte Biografie, dein Privatleben und deinen ganzen Charakter mit ein. Auch vermeintlich unwichtige Punkte wie Pünktlichkeit dürfen und sollen genannt werden – je mehr, umso besser!
- *Testbewerbungen:* Bewirb dich auf Stellen, bei denen du vielleicht gute Chancen hättest, aber die dich eigentlich nicht interessieren. Nimm die Einladung zum Vorstellungsgespräch als sportliche Trainingsgelegenheit an. So erfährst du den nötigen Freiraum, um ohne jeglichen Druck aufzutreten und um ein wenig mit deiner Verhaltensspannbreite zu experimentieren.

> **Tipp**
> Auf Augenhöhe auftreten heißt: Tu mal so, als seist du schon Teil des
> Teams und nimmstanstelle des Vorstellungsgesprächs einfach nur an einer
> Besprechung teil, in der du eine kleine Präsentation halten müsstest. Du
> kennst alle, und alle kennen dich, dein Standing im Unternehmen ist völlig
> okay – wie würdest du dich dementsprechend im Vorstellungsgespräch ver-
> halten?

11.4   Entspannungstechniken helfen gegen Nervosität

Entspannungstechniken sind vor allem dann nützlich, wenn man mit Nervosität zu kämpfen hat. Nervosität wird von den meisten Menschen als unangenehm
und negativ empfunden, und sie versuchen, diese zu „bekämpfen" – genauso,
wie man vielleicht eine Krankheit „bekämpfen" will, weil man von ihr schon
„angeschlagen" ist. Diese kriegerischen Vokabeln lassen einen eindeutigen Rückschluss auf die Wahrnehmung des Problems zu, und dieser lautet: Mein Gefühl,
die Nervosität, ist schlecht, und sie soll weg. Etwas, das man wegmachen will,
erzeugt folglich einen selbstreflexiven Gedanken, der eine Art Minderwertigkeits-
gefühl ausdrückt. Das bedeutet letztendlich, dass man denkt, ohne die Nervosität
vermeintlich ein besserer Mensch zu sein. Somit bringt Nervosität erstens nicht
nur ebendiese Aufregung mit sich, sondern zweitens auch noch das Gefühl, dass
man nicht gut genug ist, weil man eben nervös ist. Und als ob das nicht reicht,
gesellt sich noch ein drittes Problem hinzu, nämlich die Angst, aufgrund der
Nervosität versagen zu können. Grund genug also zu lernen, mit seiner Nervosität
besser umzugehen.

Wie angedeutet soll Nervosität aber nicht bekämpft werden, sondern es ist
effektiver, wenn man einerseits anders darüber denkt und andererseits „freund-
schaftlicher" mit ihr umgeht. Das Aufkeimen einer Nervosität hat zwei Ebenen:
Da ist zum einen die symptomatische Ebene, die Erscheinungen wie Aufregung,
zittrige Hände, wirre oder negative Gedanken, vermehrtes Schwitzen etc. mit
sich bringt, und zum anderen die ursächliche Ebene, sozusagen einen Grund,
weswegen die Nervosität überhaupt da ist. Daher sollte man dem Phänomen der
Nervosität auch auf diesen beiden Ebenen begegnen. Um mit den Symptomen
effektiver umzugehen, helfen Entspannungsübungen wie z. B. Atemtechniken sehr
gut weiter. Um auf die Ebene der Ursache vorzudringen, müsste man sich in seiner
Biografie auf eine kleine Recherchereise begeben.

Auch hier hilft zum Verständnis ein Vergleich zum Leistungssport. Auf der
einen Seite gibt es Sportler, die vor Wettkämpfen extremes Lampenfieber haben.
Der Gedanke, unter Beobachtung zu stehen und versagen zu können, löst diese
Aufregung aus und verhindert nicht selten das Abrufen der eigentlich vorhandenen
Leistung. Auf der anderen Seite gibt es Sportler, die sich auf Wettkämpfe freuen
und einen leistungssteigernden Adrenalinkick bekommen. Was ist der Unterschied zwischen diesen beiden Typen? Letztere denken anders über das Ereignis

des Wettkampfes und bewerten diesen von vornherein als positiv. Sie sind von einer Wahrnehmung gesteuert, die den Gedanken „Juchu, endlich mal wieder ein Wettkampf, da kann ich zeigen, was ich drauf' habe!" erzeugt.

Nervosität ist in einem Vorstellungsgespräch etwas völlig Normales. Gerade wenn man jung ist, kann das jeder auf der anderen Seite des Tisches nachvollziehen und verzeihen. Doch die folgende durchaus sehr provokative Frage solltest du dir einmal anschauen. Wie wirst du *grundsätzlich* wahrgenommen, wenn du nervös bist? Auch wenn deine Nervosität für jeden im Raum verständlich ist, so erzeugt deine Wirkung einen Beigeschmack im Sinne von: „Oh, er fühlt sich bei uns möglicherweise nicht wohl … auch wenn er gut ist, vielleicht will er hier nicht arbeiten … sonst wäre er in unserer Anwesenheit entspannt …" Also noch ein Grund mehr, deine Nervosität nicht nur einfach als gegeben anzunehmen – was schon mal positiv ist –, sondern auch etwas für sie zu tun.

Mit den folgenden beiden Übungen kannst du lernen, deine Nervosität besser zu verstehen und mit ihr entspannter umzugehen.

Übung 1: Body & Soul – Entspannung durch Atmung
Diese Übung hilft auf der symptomatischen Ebene gegen akute Aufregung. Wenn du sie einige Male „trainiert" hast, kannst du sie unmittelbar vor einem Vorstellungsgespräch durchführen. Mit etwas Übung kannst du sie auch nur kurz und ausschnittsweise machen, um dich und deinen Körper sofort zu beruhigen:

- Du kannst diese Übung je nach Bedarf stehend oder liegend ausführen, beides ist gut machbar. Richte deinen Rücken gerade auf, halte den Kopf gerade und ziehe deine Schultern leicht nach unten.
- Tritt mit beiden Füßen fest auf – egal, ob sitzend oder stehend – und verteile dein Körpergewicht gleichmäßig auf beiden Füßen. Achte darauf, dass die Füße etwa hüftbreit auseinander stehen.
- Schließe deine Augen und führen die 4-4-6-6-Atmung aus: Dabei atmest du mit der Nase ein, die Luft strömt in deinen Bauch. Anschließend strömt die Luft durch den Mund vollständig aus deinem Körper heraus. Dabei zählst du in Gedanken und möglichst langsam beim Einatmen bis vier; du hältst die Luft an, bis du erneut bis vier zählst; während du bis sechs zählst, atmest du vollständig wieder aus; zähle nochmal bis sechs, bevor du diesen 4-4-6-6-Rhythmus einige Male wiederholst.

Wenn du die Wirkung der Übung steigern möchtest, dann fügst einfach noch diese Schritte hinzu:

- Spanne gleichzeitig alle Muskeln deines Körpers so fest an, wie du kannst. Halte die Spannung für zwei bis drei Sekunden und entspanne abrupt die ganze Muskulatur. Atme einmal tief durch und wiederhole dieses „An-spannen" und „Ent-spannen" zwei- bis dreimal.
- Massiere beide Ohrmuscheln jeweils mit Daumen und Zeigefinger für ein paar Sekunden.

- Formuliere einen positiven und motivierenden Gedanken – z. B. „Ich kann alles schaffen!" oder „Wenn ich mich anstrenge, kann ich die Dinge jederzeit positiv beeinflussen!" – und verbinde die Aussage mit einer realen Situation aus deiner Erinnerung, in der dieser Gedanke die Wahrheit ausgedrückt hat.
- Recke und strecke dich, atme dabei noch einmal tief ein und aus. (Mit diesem Schritt solltest du auch den oberen Teil der Übung beenden.)

Übung 2: Anti-Nervosität-Mindset

Diese Übung lädt dich vorsichtig ein, etwas tiefer in dich hineinzublicken und die ursächliche Ebene zu hinterfragen.

Nimm dir ein paar Minuten Zeit, um ganz entspannt über diese Fragen nachzudenken. Es sind merkwürdige Fragen, die eindeutig einen psychologischen Touch haben und eine konstruktive Absicht verfolgen. Möglicherweise fällt dir nicht sofort eine Antwort darauf ein – das ist völlig okay, und du kannst die Frage einfach für ein paar Tage nachwirken lassen:

- Was müsstest du tun, um noch nervöser zu werden?
- Wenn dich jemand bittet, ihm beizubringen, ebenso nervös zu werden wie du, welche Anleitung würdest du ihm schildern?
- Wann hast du schon mal deine Nervosität gut in den Griff bekommen, und wie genau hast du es damals geschafft?
- Mit welchen deiner Fähigkeiten hast du bereits schwierige Situationen gut „überlebt" und daraus gelernt?
- In welche Situation müsstest du dich begeben (außer ein Vorstellungsgespräch), um ganz konkret Nervosität zu erleben? Suche dir eine Trainingssituation, um zu üben, konstruktiver mit Aufregung umzugehen.
- Angenommen, die Nervosität will dir gar nicht im Weg stehen, sondern eigentlich etwas Gutes für dich erreichen – was ist das Gute, das du bisher offensichtlich übersehen hast? Will sie dich vielleicht einfach nur darauf hinweisen, im Vorstellungsgespräch zu überzeugen, weil du den Job wirklich willst? Wenn du die Wahl hast, würdest du dich dann lieber auf einen negativen oder positiven Aspekt der Nervosität fokussieren?
- Wie müsstest du denken, damit du ein gutes Gefühl zum Vorstellungsgespräch entwickeln kannst?
- Denkst du, dass du im Falle akuter Nervosität während eines Vorstellungsgesprächs diese Aufregung nicht abstellen kannst? Wieso fokussierst du stattdessen nicht auf einen konstruktiven Gedanken, der dich beruhigt (z. B. „Ich bin zwar nervös, aber ich kann ruhig atmen und mich innerlich entspannen – schließlich habe ich einen Uniabschluss in der Tasche und bin nicht ohne Grund zum Gespräch eingeladen worden!")?
- Du bist völlig okay und gut so, wie du bist – stimmt's?

11.5   Sei in einem guten Zustand

Nur wer sich in einem guten Zustand befindet, kann auch gute Ergebnisse abliefern. Angst oder Unsicherheit sind kein guter Antrieb und bringen dich in einen schlechten Leistungszustand. Work smart – not hard. Das ist die Devise, die schon viele Menschen zum Erfolg gebracht hat.

Es ist nicht nur für dich selbst wichtig, dass du dich in einem guten mentalen und emotionalen Zustand befindest, sondern auch für deine Gesprächspartner. Denn Menschen sind soziale Wesen, die sich gegenseitig beeinflussen. Aufgrund bestimmter Spiegelneuronen und Hormone können wir nicht nur einschätzen, wie es den anderen in unserer Umgebung gerade geht, sondern die anderen können ebenso uns einschätzen. Diese unsichtbare zwischenmenschliche Chemie ist wie eine Datenverbindung, die den wechselseitigen Austausch von Informationen ermöglicht.

So gibt es Menschen, die über diese Verbindung andere Menschen förmlich mit ihrer guten Laune anstecken. Auch andere Gefühle und Zustände übertragen sich zwischen Gesprächspartnern – meist unbewusst und unabsichtlich. Wisse, dass dies auch im Vorstellungsgespräch so sein wird. Da du in diesem Gespräch ein bestimmtes Ziel verfolgst, solltest du darüber entscheiden, welche Emotionen sich zwischen den Beteiligten übertragen. Lege darum vor dem Gespräch für dich fest, was du auf der zwischenmenschlichen Ebene vermitteln möchtest und welches Verhalten dazu passt. Wenn du das Gefühl von fachlicher Kompetenz transferieren möchtest, musst du dich anders verhalten, als wenn du zeigen möchtest, dass du ein extrovertierter Vertriebler bist. Genauso solltest du für dich festlegen, welches Gefühl deines Gegenübers, z. B. Dominanz, Macht, Desinteresse, nicht auf dich abfärben soll.

Doch wie kommst du nun in einen guten Zustand? Erst mal solltest du dich selbst befragen, welchen Zustand du brauchst. Wenn du zu nervös bist, würde dir ein wenig Entspannung gut tun. Wenn du zu relaxed bist, würde dir hingegen ein bisschen mehr Konzentration nicht schaden. Mit den folgenden Tipps kannst du lernen, dich je nach Situation in einen angemessenen Zustand zu steuern.

- Höre unmittelbar vor dem Gespräch Musik, die dich in die gewünschte Verfassung bringt.
- Erinnere dich an vergangene Situationen, in denen du den gewünschten Zustand intensiv erlebt hast. Male dir diese Situation in Gedanken so lange bildlich und intensiv aus, bis du eine angenehme Emotion verspürst.
- Stelle dir vor, du schaust einen Film mit dir als Hauptperson, die das Vorstellungsgespräch in diesem Zustand souverän meistert.
- Steuere deine Gedanken bewusst. Unterbrich negative Gedanken augenblicklich mit einem inneren „Stopp" und ersetze ihn durch einen positiven Gedanken.
- Atme bewusst ein und aus; achte auf eine ruhige und selbstsichere Körpersprache

- Verabschiede dich von negativen Bewertungen. Solltest du beispielsweise meinen, dass Vorstellungsgespräche eine knallharte harte Prüfung sind oder dass es nur darum geht zu zeigen, wer hier der Boss ist, dann lasse solche und ähnlich abwertende Gedanken zumindest für die Dauer des Gesprächs einmal los. Bewertungen sind nichts weiter als subjektive Erfahrungen – vielleicht reale Erfahrungen, aber keine objektiven Tatsachen. Du wirst viel offener und kommunikativer sein, wenn du mit einem offenen Mindset auftrittst.
- Sage dir innerlich sowie an einer passenden Stelle auch den Gesprächspartnern direkt, dass du den Job willst. Das bringt einen neuen und konstruktiven Drive in die Situation.

Überblick: Assessment Center und Profiling Tools

12

Immer beliebter wird in den Unternehmen der Einsatz von gezielten Testverfahren. Es gibt auf dem „Personalmarkt" inzwischen zahlreiche analoge und digitale Methoden, mit denen Bewerber und ihre Fähigkeiten auf den Prüfstand gestellt werden. Leider ist das nicht so einfach wie beim TÜV, der beispielsweise ein Auto nur auf „Mängelfreiheit" prüft und daraufhin eine Plakette verleiht.

Analoge Verfahren heißen Assessment Center und geben dir konkrete Aufgaben vor. Digitale Verfahren sind IT-basierte Interviews. Beide Methoden haben zwei Ebenen – und das ist das Schwierige daran. Auf einer Ebene geht es um die konkreten Dinge, die du dabei tun musst. Und verdeckt geht es auf der Metaebene für das Unternehmen darum, Informationen über dich zu sammeln, die dein Verhalten im Job voraussagen lassen.

Diese Testverfahren sind sehr ausgeklügelt und die Mitarbeiter eines Unternehmens umfangreich darin geschult, entsprechende Methoden anzuwenden und auszuwerten. Diesen Vorsprung kannst du jedoch ansatzweise durch gezielte Vorbereitung ausgleichen. In Abschn. 26.6 erhältst du hilfreiche Einblicke in deren Ablauf und Zielstellung. Sollte dir ein Assessment Center bei einem Job bevorstehen, den du 100 %ig haben möchtest, solltest du dir ein entsprechendes Fachbuch zur Vorbereitung besorgen. In den Quellenangaben am Ende des Buches findest du entsprechende Literaturtipps.

© Springer-Verlag GmbH Deutschland, ein Teil von Springer Nature 2019
M. Sutoris, *Der Bewerbungs-Coach*, https://doi.org/10.1007/978-3-662-59458-2_12

Typische Fehler im Vorstellungsgespräch

13

Nachdem in den bisherigen Ausführungen bereits zahlreiche No-Gos für Vorstellungsgespräche genannt wurden, findest du im Folgenden eine Zusammenfassung aller elementaren Dinge, die du in deinem Gespräch aktiv vermeiden solltest:

- Lügen
- Schauspielern
- Überheblichkeit
- Unterwürfigkeit
- Jeglicher Umgang mit dem Smartphone
- Mangelndes Wissen über das Unternehmen und dessen Branche
- Unangemessene Körpersprache
- Unangemessene Kleidung
- Stress oder Hektik vermitteln
- Negativ über ehemalige Vorgesetzte und Kollegen reden
- Keine eigenen Fragen stellen
- Unangemessene eigene Fragen stellen
- Offensichtlich auswendig gelernte Antworten geben
- Verspätung, ohne Bescheid zu sagen

▶ **Hinweis** Das Unternehmen traut dir den Job definitiv zu, sonst wärst du nicht zu einem Gespräch eingeladen worden. Begegne deinen Gesprächspartnern daher auf Augenhöhe und überzeuge auf der menschlichen Ebene.

© Springer-Verlag GmbH Deutschland, ein Teil von Springer Nature 2019
M. Sutoris, *Der Bewerbungs-Coach*, https://doi.org/10.1007/978-3-662-59458-2_13

Checkliste für das Vorstellungsgespräch

14

Hier findest du in kompakter und zusammengefasster Form die wichtigsten und formal zu beachtende Punkte als Checkliste zusammengefasst:

○ Plane ausreichend Zeitpuffer für eine entspannte Anreise ein.
○ Nimm Kleingeld mit (z. B. für ein Taxi).
○ Achte auf eine angemessene sowie unterwegs auf eine saubere Kleidung.
○ Achte bei Dingen wie Jacke, Schal und Tasche darauf, dass du sie ohne großen Aufwand beiseitelegen kannst.
○ Nimm sicherheitshalber eine Kopie deiner Bewerbung mit.
○ Nimm etwas zu schreiben mit, um dir ggf. Namen, Termine oder Fragen notieren zu können. Am besten hast du dafür eigens ein schickes Notizheft oder eine Businessmappe angeschafft.
○ Nimm das Einladungsanschreiben mit, damit du Namen und Telefonnummern sowie mögliche Informationen (z. B. Etage und Nummer des Raums) sofort griffbereit hast.
○ Sei nicht unterzuckert oder hungrig, wenn es losgeht.
○ Nimm kurz vorher ein Pfefferminzbonbon.
○ Achte auf trockene Hände bei der persönlichen Begrüßung.
○ Nimm ein Getränk an, wenn es dir angeboten wird.
○ Halte Augenkontakt zu allen Gesprächspartnern.
○ Achte auf eine ruhige Körpersprache und Stimme.
○ Recherchiere die wichtigsten Fakten über das Unternehmen und dessen Branche.
○ Bleibe entspannt und selbstbewusst, auch bei stressigen Fragen.

> **Tipp**
> Die Zauberformel für gelungene Vorstellungsgespräche besteht im Wesentlichen aus der fachlichen und mentalen Vorbereitung sowie aus zielführenden Kommunikations- und Präsentationstechniken.

Teil III
Was sonst noch wichtig ist

In diesem Teil erhältst du einen weitergehenden Überblick zum Thema der Bewerbung. Du erfährst z. B., wo du am besten nach zu dir passenden Stellen suchst, was du gegen Schreibblockaden tun kannst und wie du motiviert bleibst, falls es mit dem neuen Job doch nicht so schnell klappt wie erhofft. Zudem erfährst du, wo du Hilfe im Bewerbungsprozess bekommst und wie du der Frage nachgehst, ob eine Existenzgründung vielleicht eine interessante Option für deinen beruflichen Weg ist.

Und ein ganz besonderes Highlight in diesem Teil sind die sechs Expertenbeiträge von Coaches und Recruitern. Sie geben dir in persönlichen Statements aus ihrer jahrelangen und professionellen Erfahrung heraus weitere, sehr wertvolle Tipps, die dich schneller ans Ziel bringen werden.

Passende Stellen finden

Normalerweise beginnt die Recherche nach einem Job in der virtuellen Welt. Gibt man entsprechende Schlagworte in einer großen Suchmaschine ein, wird man sofort zu den aktuell größten Stellenportalen weitergeleitet. Tab. 15.1 gibt einen Überblick über die derzeit wichtigsten Portale und Netzwerke und führt die jeweilige Zielgruppe auf. Manche Anbieter richten sich z. B. konkret an Fachkräfte bestimmter Fachrichtungen. Andere sind heterogen orientiert und sprechen unterschiedliche Berufsgruppen an.

Es lohnt sich, alle für dich interessant erscheinenden Portale zumindest einmal anzuschauen. Die meisten größten Unternehmen schreiben ihre Stellen ohnehin in mehreren Portalen aus. So kannst du dich auf die zwei oder drei Portale fokussieren, mit denen du am besten zurechtkommst. Lasse auch nicht die großen Tageszeitungen und deren Online-Präsenz außer Acht. Darüber hinaus kannst du folgende Wege gehen, um Vakanzen und Optionen ausfindig zu machen:

- Frage aktiv in deinem Netzwerk (Familie, Freunde, Bekannte) nach, ob jemand etwas über aktuell freie Jobs in seinem Unternehmen weiß. Teile diesem Netzwerk mit, dass du auf der Suche bist, und bitte darum, dass sie sich mal umhören. Denn zahlreiche Stellen werden gar nicht erst ausgeschrieben, sondern unterhalb des Radars vergeben.
- Schau dir die Websites von Unternehmen an, in denen du vielleicht gerne arbeiten würdest. Dort werden in aller Regel freie Positionen aufgeführt.
- Falls das Unternehmen gerade keinen passenden Job anbietet, dann schreibe eine Initiativbewerbung – erst recht, wenn du vielleicht eine gute Idee oder einen interessanten Projektvorschlag an das Unternehmen herantragen möchtest. Manchmal gehen so ungeahnte Türen auf. Tipps für eine Initiativbewerbung findest du in Kap. 20.
- Direkt nach der Uni kann es sinnvoll sein, einen Einstieg über ein Praktikum oder über eine Trainee-Stelle anzustreben. Suche mit diesen beiden Begriffen aktiv nach passenden Unternehmen und Stellen.

© Springer-Verlag GmbH Deutschland, ein Teil von Springer Nature 2019
M. Sutoris, *Der Bewerbungs-Coach*, https://doi.org/10.1007/978-3-662-59458-2_15

Tab. 15.1 Wichtige Stellenportale und ihre Zielgruppen

Portal	Zielgruppe
www.academics.de	Akademiker, Doktoranden
www.karriere.unicum.de	Studenten, Absolventen
www.absolventa.de	Berufseinsteiger
www.stepstone.de	Heterogen
www.zeit.de	Heterogen
www.monster.de	Heterogen
www.naturwissenschaft.career	Naturwissenschaftler
www.jobware.de	Fach- und Führungskräfte
www.yourfirm.de	Heterogen
www.indeed.de	Heterogen
www.job-vector.de	Ingenieure
www.kimeta.de	Heterogen
www.talentsconnect.de	Soft-Skill-Matching-Jobbörse
www.talents4good.org	Überwiegend Non-Profit-Bereich
www.vertriebs-jobs.de	Vertrieb, heterogen
www.stellenmarkt.nrw.de	Einrichtungen des Landes bzw. der Länder
www.bund.de/stellenangebote	Einrichtungen des Bundes
www.stellenmarkt.faz.net	Heterogen
www.kulturmanagement.net	Kulturbereich (kostenpflichtig)
www.experteer.de	Hochdotierte Jobs für Führungskräfte (kostenpflichtig)
www.talentcube.de	Bewerbung per Videobotschaft, heterogen
www.viasto.com	Bewerbung per Videobotschaft, heterogen
www.xing.com	Nationales Business-Netzwerk für Fach- und Führungskräfte sowie für Recruiter, heterogen
www.linkedin.com	Internationales Business-Netzwerk für Fach- und Führungskräfte sowie für Recruiter, heterogen
www.zenjobs.de	Studentenjobs
www.jobboerse.arbeitsagentur.de	Stellenportal der Bundesagentur für Arbeit, heterogen

- Besuche Jobmessen, auf denen du direkt mit Recruitern ins Gespräch kommen kannst.
- Verwirf keine Idee, die für eine Existenzgründung taugen kann. Ein Start-up zu gründen, ist heutzutage eine reale und gut geförderte Option für deine Karriere. Gerade in dieser Phase deines Lebens hast du wahrscheinlich am wenigsten zu verlieren.

Tipp
Wirf doch auch mal einen Blick in die weiterführenden Quellen am Ende des Buches. Du findest dort unter anderem Hinweise zu Gehaltsvergleichen, Jobmessen, Tipps zur Existenzgründung, rechtliche Hintergründe und Arbeitgeber-Rankings.

Wissenschaft oder Wirtschaft?

Die Frage nach dem richtigen und passenden Job bedeutet auch, sich zu überlegen, in welchem Bereich man arbeiten möchte. Es gibt sehr viele denkbare Unterteilungen des Arbeitsmarktes und seiner Branchen. Man kann zwischen Profit- und Non-Profit-Bereichen unterscheiden, zwischen öffentlichen und privatwirtschaftlichen Arbeitgebern, zwischen Großkonzernen und sog. kleinen und mittelständischen Unternehmen zwischen lokalen und internationalen Firmen usw.

Eine für Uniabsolventen sehr wichtige Unterscheidung ist hierbei die Differenzierung zwischen den Begriffen „Wirtschaft" und „Wissenschaft". Unternehmen, die zu dem Bereich der Wirtschaft zählen, müssen bzw. wollen in aller Regel zunächst Gewinne machen. Sie werden von zum Teil privat haftenden Personen geführt. Sie arbeiten kundenorientiert und reagieren flexibel auf den Markt. Für diese Unternehmen zählen Leistung und Effektivität, denn sie unterstehen immer dem Risiko, ob ein Produkt am Markt funktioniert oder nicht.

Ganz anders ist es in den Bereichen der Wissenschaft. Hier sind meist öffentliche Arbeitgeber für die Führung verantwortlich, und Einnahmen entstehen weitgehend durch sog. Drittmittel oder Forschungsgelder, die unterschiedlichen Steuerquellen entstammen und zeitlich befristet sind. Somit gibt es strenggenommen auch keinen Umsatz- bzw. Erfolgsdruck wie in den klassischen Wirtschaftsbetrieben. Und auch die Anpassungsdynamik bzw. -notwendigkeit an Kundenwünsche oder Marktgeschehen ist viel geringer. Arbeitsstellen in der Wissenschaft sind hingegen regelmäßig projektbezogen befristet und deren Gehälter an Tarifverträge gebunden. Dafür bieten die Arbeitsaufgaben viel mehr inhaltliche Tiefe und fachliche Entwicklungsmöglichkeiten.

All das bedeutet erstens, dass in diesen Bereichen zwei völlig unterschiedliche Unternehmenskulturen vorherrschen. Das Arbeitsklima in der Wirtschaft ist vornehmlich gekennzeichnet durch Produktivität, Agilität, Schnelligkeit, Effizienz, Umsatzdenken und Abhängigkeiten von Kundenwünschen – zudem sind die Gehälter nicht selten Verhandlungssache und bieten nach oben hin viel Entwicklungspotenzial. In der Wissenschaft trifft man eher auf Langsamkeit,

M. Sutoris, *Der Bewerbungs-Coach*, https://doi.org/10.1007/978-3-662-59458-2_16

inhaltliche Arbeit bzw. Forschung, festgelegte Tariflöhne, starre Strukturen – unter dem Aspekt der Abhängigkeit von Fördergeldern, die durch Ministerien oder Stiftungen und deren Entscheidern gewährt werden. Das ist also ein völlig anderes Arbeiten und eine ganz andere Situation.

Zweitens bedeutet dies eine unterschiedliche Gestaltung der Bewerbungsunterlagen. In der Wirtschaft geht es darum, mit eher knappen und „schicken" Bewerbungsunterlagen zu punkten, die schnell verdeutlichen, was man kann. Wer hingegen eine Karriere in der Wissenschaft anstrebt, kann sich von Aspekten wie Design, schnelle Zugänglichkeit oder Kürze trennen. Hier sind eher vertiefende Anschreiben, ausführliche Lebensläufe, lange Listen mit Publikationen, Forschungs- oder Vortragstätigkeiten gern gesehen. Eine Bewerbung, die nach diesen Kriterien gestaltet ist, wird in der Wirtschaft wahrscheinlich nicht zum Erfolg führen. Und wer in der Wissenschaft arbeiten will, der hat mit seiner Bewerbung leichte Vorteile, wenn er Erfahrungen aus der Wirtschaft mitbringt – doch umgekehrt spielt das meist keine Rolle.

Eine Empfehlung, was nun besser oder schlechter ist, kann man pauschal gar nicht aussprechen – die Entscheidung liegt bei dir. Letztendlich ist ein Wechsel zwischen den Systemen machbar, und eine Entscheidung sollte ohnehin immer die Aspekte deiner langfristigen Absichten sowie die jeweilige Arbeitgeberattraktivität mit einbeziehen.

In diese Überlegungen fließt bei vielen Absolventen auch meist die Frage nach einer Promotion ein. Unter welchen Umständen kann der Doktortitel ein Karrierebeschleuniger sein? Seit der Umstellung auf das Bachelor- und Master-System sind anschauliche Karrieren auch schon mit dem niedrigsten akademischen Grad realisierbar. Wer allerdings in wissenschaftlichen Forschungsfeldern oder in der Lehre aktiv werden möchte, dem steht eine Promotion keinesfalls im Wege – manchmal ist sie sogar Voraussetzung. In der Wirtschaft wird eine Promotion auch nicht schaden, ist aber weniger häufig Voraussetzung für bestimmte Aufgaben. Wichtig wird der Doktortitel am ehesten, wenn man Führungspositionen in naturwissenschaftlichen Aufgabenbereichen wie z. B. die Leitung eines Chemielabors in einem Pharmakonzern anstrebt.

Tipp
Recherchiere nach Stellen und Berufen, die du dir in zehn bis 15 Jahren für dich vorstellen könntest. Überprüfe, welches Anforderungsprofil diese Jobs an Bewerber stellen.

Existenzgründung als Alternative?

Arbeitest du noch, oder gründest du schon? Ein Start-up zu gründen, ist für viele eine wichtige Überlegung während oder kurz nach dem Studium. Doch was spricht dafür und was dagegen? Welche Herausforderungen stehen einem bevor, und welche Fähigkeiten sollten Gründende mitbringen? Gründen ist mehr als nur ein zeitgenössischer Hype – es ist Lebensphilosophie, Lebenstraum und Lebensherausforderung in einem. Als reale Möglichkeit, dein Arbeitsleben erfolgreich zu gestalten und dein eigener Boss zu werden, unterstützt zudem die Politik Existenzgründungen mit zahlreichen Förderinstrumenten. Wenn du eine konkrete Gründungsidee hast oder erst mal einfach nur Lust verspürst, grundsätzlich etwas Gründerluft zu schnuppern, dann helfen dir folgende Informationen dazu weiter.

Jede Stadt und Kommune verfügt über meist kostenlose Beratungsangebote. In der örtlichen Industrie- und Handelskammer (IHK), Handwerkskammer (HWK) oder in der Wirtschaftsförderung kannst du nicht nur grundsätzliche Informationen zu einer Existenzgründung einholen, sondern auch ganz gezielte Fragen stellen, falls du schon eine konkrete Gründungsidee hast. Auf der Website des Bundesministeriums für Wirtschaft und Energie (BMWi) findest du zahlreiche Informationen und Checklisten zum kostenlosen Download, die nicht nur die Pro- oder Contra-Entscheidung erleichtern, sondern auch einen guten Überblick über den Gründungsprozess sowie über Fördermöglichkeiten vermitteln.

Besuche doch mal „just for fun" Gründer-Events, um dich ein wenig inspirieren zu lassen. In allen mindestens mittelgroßen Städten gibt es sog. Inkubatoren. Dort können Gründer zu äußerst humanen Bedingungen Arbeitsplätze anmieten, an speziellen Workshops teilnehmen und sich mit Experten vernetzen. Ganz beliebt sind vor allem Pitches und Fuck-up-Events. In einem Pitch stellen Gründer ihre Idee in kleinen Zeitfenstern und auf der Bühne stehend einem Publikum vor. Anschließend gibt es meist eine Abstimmung darüber, wer die besten Aussichten auf Erfolg hat. Gescheiterte Gründer reden in Fuck-up-Events auf dem Podium über Erfahrungen und Fehler und geben richtig gute Tipps.

© Springer-Verlag GmbH Deutschland, ein Teil von Springer Nature 2019   145
M. Sutoris, *Der Bewerbungs-Coach*, https://doi.org/10.1007/978-3-662-59458-2_17

Ganz oft ist das Argument der fehlenden oder riskanten Finanzierung ein vermeintlicher Grund, aus einer Idee kein Start-up zu entwickeln. Leider fällt diese Aussage dann am häufigsten, wenn mangelndes Wissen über Fördermöglichkeiten zu einer Absage der Existenzgründung führte. Neben dem klassischen Bank- oder Familienkredit gibt es heutzutage weit mehr Möglichkeiten, eine Finanzierung zu organisieren. Für eine weiterführende Recherche nach Geldquellen für ein Start-up empfehlen sich unter anderem folgende Begriffe: Crowdfunding, Venture-Capital, KfW-Bank, EXIST-Stipendium, start2grow-Grüundungswettbewerb, Gründungszuschuss der Arbeitsagentur, Mikrokredit BMAS. Gegen die Ausrede, keine Finanzierung zu haben oder ein zu hohes Risiko einzugehen, gibt es gute und zahlreiche Lösungen.

17.1   Soll oder soll ich nicht gründen?

Diese Frage muss jeder individuell beantworten. Erfahrungsgemäß beflügeln jedoch diese drei Faktoren die Motivation für die ersten Schritte:

1. Eine Idee, die gutes Feedback bekommt
2. Eine Idee, die zur Gründerperson wie die symbolische Faust aufs Auge passt
3. Keine falsche Scheu vor Risiken wie Finanzengpässen oder der Möglichkeit des Scheiterns

Solltest du nun tatsächlich eine Idee haben, die diesen Kriterien entspricht, dann überprüfe anhand der folgenden Fragen, ob vielleicht eine Gründerpersönlichkeit in dir schlummert:

- Glaubst du an dich als fähige Person, die unternehmerische Fähigkeiten entwickeln kann? Der Glaube an sich selbst ist mitunter die wichtigste Fähigkeit, um erfolgreich zu gründen.
- Wie gut ist deine Idee? Hole dir unbedingt Feedback ein, recherchiere Markt und Mitbewerber oder entwickle einen Prototyp.
- Hast du Unterstützer? Baue ein Netzwerk an Förderern auf – nutze diesen Rückenwind und nimm Unterstützung an.
- Hast du Erfahrungen mit eigeninitiativem Arbeiten? Wenn nicht: üben, üben, üben! Es ist noch kein Meister vom Himmel gefallen.
- Wie hoch ist deine Frustrationstoleranz, wenn die Dinge nicht sofort so laufen, wie sie sollten? Wenn du dein eigener Boss wirst, musst du dich selbst immer wieder motivieren, kritisieren und disziplinieren – das ist nicht jedermanns Ding.
- Wie gut ist dein aktueller Wissensstand? Oft lohnt es sich, die Branche und Zielgruppe in Bezug zur Geschäftsidee noch besser kennenzulernen: Gehe auf Fachmessen, besorge dir Literatur, sprich mit potenziellen Kunden, besuche eine Weiterbildung, besuche Gründerbüros und Beratungsstellen etc.

- Hast du alle Fördermöglichkeiten eruiert? Checke, welche staatliche oder regionale Förderung du in Anspruch nehmen kannst, welche Risikokapitalgeber für dich infrage kommen, ob Crowdfunding eine gute Option ist.
- Reizt es dich, Prozesse zu gestalten? Neben der tollen Möglichkeit, ein Produkt zu entwickeln, kannst du ein ganzes Unternehmen von A wie Angebotserstellung bis Z bis Zahlungsmethode „bauen".

17.2 Du suchst eine Gründungsidee?

Du hast noch keine Idee, welches Produkt oder welche Dienstleistung du anbieten möchtest? Menschen, die Marktlücken entdecken oder Neues erfinden, gehen mit einem bestimmten Fokus durch die Welt. Sie fragen sich ständig: Welches Produkt hat Schwächen? Welche Dienstleistung könnte besser funktionieren? Was brauchen die bzw. fehlt den Menschen, deren Situation ich gut kenne?

Gefragt ist eine lösungsorientierte Denke. Unternehmerische Visionäre nehmen die Welt durch eine ganz bestimmte Brille wahr: „Jedes ungelöste Problem im beruflichen und privaten Alltag ist ein noch nicht gegründetes Unternehmen!" Der Trick dabei ist, sich niemals an kleinere und größere Probleme im Alltag zu gewöhnen. Der Mensch ist jedoch ein Gewohnheitstier – wenn etwas nicht perfekt läuft, gewöhnen sich die meisten Menschen leichter an diesen „Problemzustand", als dass sie eine Lösung dagegen oder gleich ein Unternehmen kreieren.

Gehe bewusst mit dem Fokus durch die Welt, was dich, deine Freunde und Kollegen im Alltag nervt – an welche Probleme habt ihr euch gewöhnt? Entwickle dann aktiv eine Lösung für das Problem, z. B. indem du Kreativitätstechniken nutzt, und entwickle daraus ein Geschäftsmodell. Beispiel: Nervt es dich oder deine Freunde auch, dass jedes Mal der Teebeutel umständlich aus der Tasse entsorgt werden muss, wenn der Tee durchgezogen ist, und dass dabei alles vollkleckert? Ja? Und hast du dich schon an dieses eher kleine und vermeintlich marginale Problemchen gewöhnt? Oder bist du schon dabei, eine coole Tasse mit einer Teebeutel-Entsorgungskammer zu entwickeln?

Du siehst: Start-ups entstehen heutzutage aus einer kreativen Idee, die unternehmerisch umgesetzt wird. Das gute alte Modell „etwas Ordentliches lernen – jahrelang Erfahrung sammeln – Kontakte aufbauen – Kapital ansparen" steht dem modernen Gründungsgedanken diametral gegenüber. Die digitale Globalisierung sowie auch die lebhafte Start-up-Szene haben dafür gesorgt, dass mangelnde Kontakte oder nicht vorhandenes Kapital keinen Grund mehr darstellen, um eine Gründung auf die lange Bank zu schieben.

Und nun – du hast eine gute Idee? Du bist ein Gründertyp? Dann fang an – worauf warten? Jetzt ist die Zeit, in der du am wenigsten verlieren und die meisten Risiken verkraften kannst. Welchen Schritt – auch wenn er noch so klein ist – kannst du noch heute gehen, um deine Idee zum Leben zu erwecken?

Tipp

Viele Gründer ahnten nicht, dass sie einmal Inhaber eines großen Unternehmens werden würden. Wenn du ein Mensch mit Ideen und Gestaltungswillen bist, solltest du die Start-up-Option grundsätzlich offenhalten.

Bereits in Teil I ging es um den Vergleich zwischen einer Bewerbung zu einem Fachbuch bzw. einem Bewerber zu einem Bestsellerautor. Das Schreiben einer Bewerbung ist zwar eine etwas andere Aufgabe, aber es gibt viele strukturelle Parallelen zu der Arbeit, die das Schreiben eines Fachbuches mit sich bringt. Und genau wie bei Autoren, die sehr viel Text produzieren müssen, bringt die Schreibarbeit an einer Bewerbung gelegentlich auch Probleme mit sich. Gerade wenn man sich vom Selbstverständnis her eher z. B. als Wissenschaftler fühlt und eben nicht als Autor, der neben der inhaltlichen Qualität auch noch Verkaufsaspekte berücksichtigen soll, tauchen vielleicht schnell – und auch regelmäßig – Schwierigkeiten beim Formulieren der Bewerbung auf. Man sitzt entweder vor einem weißen Blatt Papier und weiß nicht recht, wie man beginnen soll. Die ersten Zeilen sind nach einem schwergängigen Formulierungs-Tetris bald wieder gelöscht, und es vergehen Stunden, bis ein Text gefunden ist, mit dem man letztendlich nicht richtig zufrieden ist. Ein anderes Problem ist oftmals das Schreiben über sich selbst – wie gelingt nur die Gratwanderung zwischen dem verkäuferischen Selbstlob und einer angemessenen Seriosität, wenn zugleich noch Kompetenz und Sympathie vermittelt werden sollen?

Doch sei beruhigt, denn auch erfolgreiche Autoren haben zum Teil heftige Schreibblockaden und löschen seitenlange Kapitel nach stundenlanger Arbeit mit nur einem Klick. Daher bekommst du hier die Möglichkeit zu einem kleinen Schreib-Coaching geboten. Mit den folgenden zwei Übungen schaffst du es, eine Blockade zu überwinden, in einen Schreib-Flow zu kommen und die richtigen Formulierungen zu finden – so machen es auch Bestsellerautoren.

Übung 1: Die Uhr – Auflösung einer Schreibblockade

Stelle dir vor, du bist ein Musiker oder Komponist, der nach einer neuen Idee für einen Song sucht. Viele Musiker gehen so vor, dass sie erst mal einen Rhythmus vom Band laufen lassen und sich darin sprichwörtlich „eingrooven" – aus diesem Feeling heraus, das ihre Kreativität erweckt, fangen sie dann an, erste Töne zu

spielen. Nach einigen Takten ist eine zündende Idee da, die zu einem Song ausgearbeitet werden kann. Genauso funktioniert auch diese Übung. Du überwindest
eine Blockade und „groovst" dich ins Schreiben ein:

- Setze dich vor deinen Computer. Schaffe eine für dich angenehme Arbeits-
  atmosphäre, in der du dich wohlfühlst. Achte darauf, mit geradem Rücken zu
  sitzen, und halte einen Abstand von ca. 50 cm zum Monitor ein.
- Öffne ein leeres Textdokument.
- Stelle dir einen Timer auf fünf Minuten ein.
- Schreibe nun innerhalb dieser fünf Minuten so viel Text wie möglich! Dabei
  ist es völlig egal, was du schreibst – der Inhalt spielt überhaupt keine Rolle. Es
  geht nur darum, in einen Schreibfluss zu kommen und dein Mindset auf Text-
  produktion sowie auf die Überwindung einer Schreibblockade einzustellen. Du
  kannst deinen Text ruhig so beginnen: „Mir fällt überhaupt nichts ein; diese
  Übung ist total besch…" usw.
- Formuliere direkt nach Ablauf der fünf Minuten dein Anschreiben.

Übung 2: Dissoziation in die dritte Person
Vielen Menschen fällt es leichter, andere zu loben als sich selbst. Bestimmt kannst
du ohne Weiteres die persönlichen Stärken deiner engsten Freunde aufzählen;
deine eigenen Stärken hingegen fallen dir hingegen nicht spontan ein. Über andere
Menschen redet man in der Erzählperspektive der dritten Person Singular. Redest
oder denkst du hingegen über dich selbst, befindet sich deine Perspektive in der
ersten Person. Wenn du sozusagen als Beobachter andere Menschen beschreibst,
beginnen deine Sätze in etwa so: „Er/Sie kann besonders gut …" Und das ist der
wichtige Unterschied.
  Nimm mit deinem Fokus die dritte Person Singular ein und formuliere den Text
für dein Anschreiben zu einer konkreten Stellenausschreibung. Psychologen nennen diesen Perspektivwechsel Dissoziation. Beginne deine Sätze mit „Er/Sie …"
(wobei damit natürlich du selbst gemeint bist) und ergänze dann deinen Studienabschluss, weitere Qualifikationen, Berufserfahrungen, persönliche Stärken usw.
  Es ist zuerst etwas ungewohnt, so über sich zu schreiben – doch wirst du feststellen, dass diese Variante sehr viel leichter macht, einen Text zu gestalten, der deine
Highlights unter den Aspekten der Passung, Kompetenz und Sympathie „verkaufs-
fördernd" herausstellt. Sobald dieser Text fertig ist, musst du lediglich an einigen
Stellen wieder in die erste Person umformulieren – und fertig ist dein Anschreiben.
  Folgende Fragen können dir helfen, deine Stärken und Highlights aufzulisten.
Finde auf jede Frage stichpunktartig drei bis fünf Antworten und markiere passend zur Stellenausschreibung die wichtigsten davon – diese sollten dann in dein
Anschreiben einfließen. Arbeite die stichpunktartigen Antworten zuerst in der dritten Person Singular zu vollständigen Sätzen aus, bevor du das Anschreiben in der
ersten Person finalisierst:

- Was waren im Studium die interessantesten Inhalte für dich?
- Was macht dir beruflich Spaß?

- Was kannst du fachlich gut?
- Welche beruflichen Erfahrungen hast du gemacht?
- Was sagen dir Kollegen oder Vorgesetzte, was du fachlich gut kannst?
- Was sind deine grundsätzlichen Talente?
- Was macht dir im Privatleben Spaß?
- Was sagen dir Freunde und Eltern, was du persönlich gut kannst?

Tipp
Lies dir die Stellenausschreibung, auf die du dich bewerben möchtest, mehrmals hintereinander aufmerksam durch und markiere die Keywords. Öffne ein Textdokument, das zu deinem Anschreiben wird. Formatiere es so weit, bis nur noch der eigentliche Text fehlt. Füge deine Kontaktdaten, die Anschrift des Unternehmens, eine Betreffzeile und das Datum ein. Finde ein passendes Design und eine klare Schriftart. Führe nun Übung 1 und/oder 2 durch und schreibe aus diesem Flow heraus weiter an deiner Bewerbung.

Profil-Coaching

19

Wie schon im Vorwort und an vielen weiteren Stellen in diesem Buch angedeutet, hast du einen großen Vorteil bei der Jobsuche, wenn du genau weist, was dein Profil ist und welches Profil der richtige Job haben sollte. Diese Passung der Profile ist der Schlüssel für das richtige Schloss. Versuche mithilfe der folgenden gedanklichen Schritte, diesen Schlüssel zu definieren:

- Skizziere deinen Wunschjob: Branche, Unternehmensgröße, Abteilung, Aufgabenbereiche, Kollegium, Gehalt, Unternehmenskultur, Anfahrtsweg, Standort usw. Lasse deinen Gedanken dabei wie in einem Brainstorming freien Lauf und sammle erst einmal *nice-to-have*-Kriterien. Und was sind absolute No-Go-Kriterien eines Jobs für dich?
- Definiere von deinen Wünschen ausgehend konkrete Schritte: Wann musst du was tun, um aus dem Wunsch eine Realität zu formen? Wo und wie musst du recherchieren? Wie sieht dafür eine passende Bewerbung aus?
- Definiere Kriterien für ein realistisches Vorankommen: Brich manche weniger realistische *nice-to-have*-Kriterien auf *must-have*-Kriterien herunter und filtere daraufhin entsprechende Stellenangebote.
- Hole dir Feedback von Freunden: Lass deine Freunde einschätzen und rückmelden, wo du grundsätzlich gut hinpasst und was deine wichtigsten Fähigkeiten sind. Lass diese Ergebnisse in dein Profiling einfließen.
- Definiere dein Alleinstellungsmerkmal im Austausch mit Freunden: Was ist der Kern deiner Person und deiner Jobsuche?

Die Entwicklung eines vollständigen Persönlichkeits- sowie Jobprofils und einer entsprechenden Strategie ist ein längerer Prozess, der am besten zusammen mit einem erfahrenen Sparringspartner geschehen sollte. Wenn du keinen Coach hast, frage in deinem Netzwerk nach, wer über entsprechende „Bewerbungserfahrungen" verfügt und dich als Mentor unterstützen kann.

© Springer-Verlag GmbH Deutschland, ein Teil von Springer Nature 2019   153
M. Sutoris, *Der Bewerbungs-Coach*, https://doi.org/10.1007/978-3-662-59458-2_19

Tipp
In Abschn. 26.1 findest du eine weiterführende Methode, wie du dein Profil und deine Strategie mithilfe von Coaching-Techniken verfeinern kannst.

Initiativbewerbungen verfassen

20

Ehrlich gesagt führen Initiativbewerbungen eher selten zum Erfolg. Denn wenn Unternehmen freie Stellen haben, dann schreiben sie diese öffentlich aus oder suchen gezielt in persönlichen und digitalen Netzwerken. Aber manchmal führen Initiativbewerbungen eben doch zum gewünschten Erfolg. Meist spielt dabei eines von den folgenden fünf Kriterien eine tragende Rolle:

1. Der Bewerber ist hochqualifiziert und bringt ein Profil mit, das dem Unternehmen fehlt.
2. Der Bewerber hat bei einem direkten Mitbewerber gearbeitet und bringt hochinteressantes Wissen mit.
3. Der Bewerber schlägt dem Unternehmen eine Idee oder ein Projekt vor und erwirkt die Einrichtung einer ganz neuen Stelle.
4. Der Bewerber hat vor einiger Zeit schon einmal im Unternehmen gearbeitet und möchte zurückkehren.
5. Der Bewerber verfügt über eine gute Portion „Vitamin B".

Sollte eines dieser Kriterien auf dich zutreffen, dann könnten sich Mühe und Zeitaufwand für eine Initiativbewerbung lohnen. Mit dem Raster in Tab. 20.1 erhältst du eine Formulierungshilfe für dein Anschreiben. Denn die fehlende Ausschreibung erschwert es ungemein, eine direkte Passung in den Vordergrund einer Bewerbung zu stellen.

Beantworte die einzelnen Fragen zunächst in Stichpunkten. Entwickle daraus ein flüssiges und knappes Anschreiben. Berücksichtige hierfür vor allem die Tipps in Abschn. 2.5 zu den Themen Motivationsschreiben und Kompetenzprofil sowie ggf. das Schreib-Coaching in Kap. 18. Der Lebenslauf sollte bei einer Initiativbewerbung unbedingt auf einer Seite gefasst sein, weil man nicht ungefragt Zeit der Personalentscheider beanspruchen möchte. Natürlich gehören noch ein Foto sowie die wichtigsten Zeugniskopien dazu.

© Springer-Verlag GmbH Deutschland, ein Teil von Springer Nature 2019   155
M. Sutoris, *Der Bewerbungs-Coach,* https://doi.org/10.1007/978-3-662-59458-2_20

Tab. 20.1 Formulierungshilfen für Initiativbewerbungen

Thema	Inhalt
Kontext	Welche Aufgaben motivieren dich am meisten? In welchen Bereichen kennst du dich am besten aus?
Verhalten	Wie arbeitest du? Was sind deine Soft Skills?
Fähigkeiten	Was kannst du besonders gut? Was ist das Wichtigste an deinen Ausbildungen und Erfahrungen?
Werte	Was ist dir im Job sowie bei dieser Bewerbung am wichtigsten?
Selbstbild	Wie würdest du dich im Hinblick auf deine berufliche Rolle selbst charakterisieren? Welche Ziele verfolgst du?
Sinn	Welches der fünf Kriterien trifft auf dich zu? Oder spricht noch etwas anderes dafür, dass du dort unbedingt arbeiten solltest?

Motiviert bleiben, wenn es nicht so schnell klappt

21

Es ist ein Paradoxon: Auf der einen Seite hört man, dass in Deutschland dringend hochqualifizierte Fachkräfte gesucht werden. Auf der anderen Seite hört man im Freundes- und Bekanntenkreis, dass selbst „gute" Mathematiker, Chemiker, Physiker, Lehrer, Juristen etc. zum Teil lange nach einem neuen Arbeitgeber suchen müssen. Manchmal sind die passenden Stellen einfach nicht ausgeschrieben.

Darüber hinaus verunsichert es viele junge Akademiker, die vermeintlichen Anforderungen des Arbeitsmarktes erfüllen zu müssen: Man hat mit Anfang 20 schon einen Master-Abschluss, Berufserfahrung, ausgeprägte Soft Skills, internationale Erfahrung, Lebenserfahrung und bestenfalls noch Zusatzqualifikationen vorzuweisen – neben den besten Benotungen und Referenzen versteht sich –, um direkt Führungsverantwortung übernehmen zu können. Doch kann man als junger Absolvent all dem wirklich entsprechen?

Hier helfen zwei klare Gedanken, die aufgrund langjähriger Coaching-Erfahrung guten Gewissens ausgesprochen werden können:

1. Cool bleiben – in der Ruhe liegt die Kraft.
2. Das Wissen sowie die Beobachtung, dass jeder qualifizierte und arbeitswillige Mensch eine passende Position findet – auch wenn etwas Zeit verstreicht.

Die Jobsuche dauert erfahrungsgemäß direkt nach dem Studium am längsten. Aufgrund fehlender Berufserfahrungen, unübersichtlicher Bewerbungsunterlagen oder unprofessionellen Verhaltens im Vorstellungsgespräch werden leider viele Bewerber vorab „gefiltert", obwohl sie motiviert und kompetent ihre Leistung in den Job einbringen können und wollen. Das Blatt wendet sich, wenn nach ein oder zwei Arbeitsstellen mehr Erfahrung in den Bewerbungsprozess eingebracht wird.

Doch genau diese Phase im Leben ist die, in der man nach der Uni nicht auf den Job warten will – den Abschluss frisch in der Tasche und der Ausblick auf spannende Aufgaben sowie auf ein richtiges Einkommen erlauben nicht wirklich die gebotene Geduld. Jemand, der gerade einige Berufsjahre hinter sich hat,

© Springer-Verlag GmbH Deutschland, ein Teil von Springer Nature 2019
M. Sutoris, *Der Bewerbungs-Coach,* https://doi.org/10.1007/978-3-662-59458-2_21

über entsprechende finanzielle Reserven verfügt und gute Arbeitszeugnisse in der Bewerbungsmappe vorzeigen kann, ist wesentlich entspannter, wenn die neue Stelle zwei oder drei Monate auf sich warten lässt. Doch die Erfahrung aus den Karriere-Coachings lehrt, dass jeder, der eine gute Qualifikation und erkennbare Motivation mitbringt, relativ unkompliziert eine adäquate Stelle findet. Stelle dich dennoch darauf ein, dass dein erster Job nach der Uni vielleicht sechs bis acht Monate auf sich warten lässt. Es gibt natürlich auch Beispiele, in denen die allererste Bewerbung direkt zum Erfolg geführt hat.

Was kannst du nun tun, um deine Motivation über einen längeren Zeitraum aufrechtzuerhalten, wenn es doch etwas länger dauern sollte? In Coachings hat es sich bewährt, einen gedanklichen Zeitrahmen zu definieren und darauf zu fokussieren. Das bedeutet, du setzt dir eine Deadline von beispielsweise sechs Monaten ab Beginn der Bewerbungsphase. In diesem Zeitfenster erlaubst du es dir ganz bewusst – auch wenn es manchmal nicht so leicht ist –, entspannt zu bleiben, optimistisch zu denken und Dinge zu tun, die dir Freude bereiten. Das hat zwei ganz wesentliche Vorteile für dich: Zum einen gerätst du nicht jedes Mal in Panik, wenn ein Unternehmen gar nicht oder mit einer Absage antwortet – denn die Deadline ist ja noch nicht abgelaufen. Zum anderen schaffst du dir ein Mindset, das dich stets konstruktiv denken und agieren lässt – wenn du einen Job ergattert hast, wird dir die Zeit zum Relaxen ohnehin regelmäßig fehlen.

Sollte nach Ablauf deiner Frist immer noch kein Job in Aussicht sein, empfehlen sich zwei mögliche Schritte. Du kannst das Zeitfenster um einen kleinen Puffer von z. B. einem Monat verlängern und versuchen, nochmals alle Hebel in Bewegung zu setzen. Ist dann immer noch keine Jobzusage da, solltest du deine Bewerbungsstrategie ändern und die Gründe hinterfragen, warum es bislang noch nicht geklappt haben könnte. Liegt es an deinen Unterlagen, an den Vorstellungsgesprächen oder an den avisierten Ausschreibungen? Die Gründe dafür können sehr vielfältig, individuell und manchmal auch nicht nachvollziehbar sein – auf jeden Fall deuten sie klar an, dass du dich auf Veränderung einstellen solltest.

Natürlich ist spätestens an diesem Punkt ein individuelles Coaching mit einem erfahrenen Karriere-Coach der beste nächste Schritt. Frage einfach mal in der Agentur für Arbeit deiner Stadt nach, ob ein entsprechendes Coaching finanziert oder bezuschusst werden kann.

Und wenn du nach dem Versand deiner Bewerbung hoffnungsvoll auf die Antwort des Unternehmens wartest, so passiert leider meist relativ wenig. Viele Unternehmen melden sich heute nur noch dann, wenn es wirklich eine Einladung zum Vorstellungsgespräch gibt. Solltest du dich über eine Bewerbungsmaske beworben haben, erhältst du wahrscheinlich gerade mal eine automatisierte Eingangsbestätigung per Mail. Die guten alten Zeiten, in denen man eine persönliche Eingangsbestätigung oder eine höflich formulierte Absage erhalten hat, sind so gut wie vorbei. Daher solltest du auch nicht alle zehn Minuten deinen Maileingang checken, denn das würde nur deine Frustrationstoleranz unnötig auf die Probe stellen.

Tipp

Denke nach jeder Absage auf eine Bewerbung positiv. Denn das Schicksal hat wahrscheinlich noch etwas Besseres mit dir vor. Definiere einen Zeitraum, in dem du bewusst entspannt, positiv und geduldig bleiben kannst.

Die Landschaft des Bewerbungsmarktes

22

Das Gute ist, dass du in deiner Bewerbungsphase nicht allein gelassen wirst. Das vorliegende Kapitel bringt daher etwas Orientierung in den Servicedschungel. Wer kann was für dich tun?

22.1 Career Center

Mittlerweile verfügt nahezu jede Universität über eine derartige Einrichtung. Das Angebot besteht in aller Regel (als Einzelgespräch oder in Gruppenform) aus einigen dieser Themen:

- Berufsberatung
- Hilfe bei der Erstellung der Bewerbungsmappe
- Check-up der Bewerbungsunterlagen
- Vorträge von Experten: Jobprofile, Biografien, Karrieretipps etc.
- Netzwerkveranstaltungen mit Personalentscheidern aus der Region
- Simulation von Vorstellungsgesprächen
- Psychologische Beratung
- Soft-Skill-Seminare: Rhetorik, Präsentation, Business-Englisch etc.
- Mentorenprogramme
- Gründerberatung

Diese Angebote sind kostenlos und auf jeden Fall einen Besuch wert. Informiere dich am besten schon während des letzten oder besser noch vorletzten Semesters über entsprechende Termine.

© Springer-Verlag GmbH Deutschland, ein Teil von Springer Nature 2019   161
M. Sutoris, *Der Bewerbungs-Coach*, https://doi.org/10.1007/978-3-662-59458-2_22

22.2   Bundesagentur für Arbeit

Diese Behörde ist deine erste Anlaufstelle, wenn es mit der Jobsuche so gar
nicht klappt. Du kannst neben finanzieller Hilfe wie z. B. einem Zuschuss zu
Bewerbungskosten, der Vermittlung relevanter Weiterbildungen oder der Teilnahme an professionellen Coaching-Maßnahmen vor allem viele Informationsan-
gebote nutzen. Mit den Websites Berufenet und Kursnet hat die Bundesagentur für
Arbeit zwei große Datenbanken etabliert, die Einblicke in alle denkbaren Berufs-
felder gewähren und geförderte Weiterbildungen auflisten.

22.3   Jobcenter

Sollten BAföG, Zuschüsse der Eltern oder Studentenjobs keine oder eine nicht
mehr ausreichende Existenzsicherung für dich darstellen, so kann dich die
Bundesagentur für Arbeit an das Jobcenter verweisen. Der Name dieser Einrichtung ist irreführend, denn es ist kein Center, in dem qualifizierte Jobs oder
Hilfsjobs wie Taxifahren auf dich warten, sondern du kannst hier einen Antrag auf
finanzielle Hilfe zur Sicherung deines Lebensunterhalts stellen. Diese als Hartz IV
bezeichnete berühmt-berüchtigte Leistung steht jedem hilfsbedürftigen Menschen
im erwerbsfähigen Alter zu, sofern das Einkommen nicht vorhanden ist oder nur
teilweise das Existenzminium absichert.

22.4   Headhunter

Headhunger sind Spezialisten, die im Auftrag von Unternehmen ganz gezielt
Bewerber vermitteln. Sie arbeiten als Selbstständige und erhalten vom suchenden
Unternehmen bei einer erfolgreichen Vermittlung eine stattliche Provision. Um
diese Aufgabe überhaupt bewerkstelligen zu können, verfügen die meisten Headhunter über jahrelange Erfahrung im Personalwesen. Sie recherchieren anhand
langfristig aufgebauter Kontakte oder mithilfe digitaler Techniken nach geeigneten
Kandidaten, treffen eine Vorauswahl für ihren Auftraggeber und beraten sowohl
Unternehmen als auch Bewerber bei ihrer Entscheidung, gemeinsam arbeiten zu
wollen. Headhunter werden nur dann eingeschaltet, wenn das suchende Unternehmen nicht möchte, dass eine Vakanz in Stellenbörsen öffentlich einsehbar ist
– meist handelt es sich um hochdotierte und exponierte Positionen. Daher sind in
aller Regel Führungskräfte mit mehrjähriger Berufserfahrung die wesentliche Zielgruppe von Headhuntern. Spare dir zu Beginn deiner Karriere daher lieber den
Aufwand, bei Headhuntern vorstellig zu werden. Es kann aber sein, dass dein Xing-
oder LinkedIn-Profil von dieser Spezies besucht wird. In diesem Fall darfst du gern
Kontakt aufnehmen und einfach mal nachfragen, was Anlass des Besuchs war.

22.5 Personalvermittler

Eher interessant sind für dich die zahlreichen Personalvermittlungsagenturen. Diese arbeiten ganz ähnlich wie Headhunter, aber öffentlich und mit etwas mehr Masse. Sie veröffentlichen im Auftrag von Unternehmen freie Stellen, die nicht immer parallel in den gängigen Online-Stellenbörsen erscheinen. So bieten sie etwas mehr Exklusivität, die sogar häufig durch die Spezialisierung auf Branchen oder Berufsbilder sehr zielgerichtet ist und somit Unternehmen wie auch Bewerbern einen deutlichen Mehrwert bietet. Die Bewerbung auf eine freie Stelle wird dann bei der Personalvermittlung eingereicht, nicht beim suchenden Unternehmen. Die Agentur erledigt für das Unternehmen den aufwendigen Bewerbungsprozess und stellt am Ende eine Auswahl von vielleicht zwei bis drei Bewerbern vor, die es dann ins Vorstellungsgespräch beim Arbeitgeber schaffen.

Bei einer Jobzusage ist die wesentliche Frage, ob man einen Arbeitsvertrag von der Agentur oder vom Unternehmen erhält. Letzteres ist deutlich besser, denn Ersteres hat als sog. Zeitarbeit ein eher negatives Image. Beachte jedoch, dass diese Agenturen über hervorragende Kontakte direkt in die Unternehmen verfügen und als persönliche Empfehlungsgeber und Türöffner bei attraktiven Unternehmen für dich auftreten können.

22.6 Kontaktmessen

In großen Städten finden entweder durch die Wirtschaftsförderung, die IHK, die Universität oder andere Institute Kontaktmessen oder auch Job-Speed-Datings statt. Nutze diese Möglichkeit, um direkt mit Personalentscheidern zu sprechen. Firmen sind mit einer Art Messestand präsent und zeigen sich offen für jedes Gespräch und für jede persönlich eingereichte Bewerbungsmappe. Im persönlichen Gespräch kannst du deine Kommunikations- und Präsentationsfähigkeit in einem ganz ungezwungenen Rahmen üben sowie um Feedback zu deinen Unterlagen bitten.

Lass dir von jedem Gesprächspartner eine Visitenkarte aushändigen und nimm einige Tage nach der Veranstaltung ganz freundlich Kontakt auf, indem du dich per Mail für das nette Gespräch bedankst, vorsichtig nach weiteren Schritten fragst und deine Unterlagen als Anhang übersendest.

Appell an die Authentizität 23

Die Spielregeln zu beherrschen – darum geht es leider viel zu oft im Bewerbungsprozess. Bei all dem Wissen, das dieses Buch auflistet, fragt man sich manchmal,
wozu das eigentlich gut ist. Kann man nicht direkt einfach anfangen, einen guten
Job zu machen und sich das ganze Klimbim drumherum sparen? Zahnpastalächeln
statt Persönlichkeit? Schauspieler statt Bewerber? Verkäufer statt Absolvent? Rhetorik statt echter Aussagen? Gebügelter Anzug statt eigener Identität? Stressinter-
view statt Wertschätzung?

Auch wenn diese Fragen berechtigt sind, doch es geht im Bewerbungsprozess
tatsächlich um die Spielregeln. Jedes System hat seine eigene Kultur und eigene
Regeln: die Schule, die Uni, die eigene Familie und später auch der Arbeitsplatz.
Nimm diesen ganzen Prozess als Herausforderung an und spiel einfach mit. Das
ist immer noch der beste Weg, um als Absolvent an einen guten Job zu kommen.

Sollten dich die ganzen Informationen und Tipps in diesem Buch zu sehr ver-
wirren, dann halte dich im Zweifel einfach an die Maxime der eigenen Authentizität. Wenn du dieses Spiel nicht mitspielen möchtest, dann brauchst du eine sehr
gute eigene Idee, um bei Unternehmen vorstellig zu werden. Personaler sind es
gewohnt, Überraschungspakete mit Süßigkeiten und Ähnlichem als Bewerbungsunterlagen zu bekommen. Ob das ein Bestechungsversuch des Bewerbers oder
dessen verzweifelter Aufschrei nach Aufmerksamkeit sein soll, bleibt dahin-
gestellt. Falls du aber eine einschlägige Idee hast, wie du dich außerhalb dieser
Spielregeln erfolgversprechend, kreativ und außergewöhnlich bewerben kannst,
dann probiere das ruhig!

Ein reales Beispiel zeigt eine Variante einer ungewöhnlichen Bewerbung. Ein
Politikwissenschaftler, der mehrere Jahre das Parteibüro in einer Stadt erfolg-
reich geleitet hat, brauchte einen neuen Job. Er suchte branchenübergreifend nach
Arbeitsstellen, in denen speziell die strategische und operative Geschäftsführung im
Mittelpunkt stand. Als Politikwissenschaftler gehört er nicht wirklich zur Zielgruppe
von Unternehmen, die für eine Geschäftsführung eher Betriebswirte suchen würden.
Durch ein Profiling ergab sich jedoch, dass er ein Rhetorik- und Organisationstalent

© Springer-Verlag GmbH Deutschland, ein Teil von Springer Nature 2019   165
M. Sutoris, *Der Bewerbungs-Coach,* https://doi.org/10.1007/978-3-662-59458-2_23

ist und eine besonders authentische Wirkung auf andere Menschen hat. Und genau das hat sein folgendes Bewerbungsanschreiben nebst einseitiger Vita und Foto auf den Punkt gebracht – mit positivem Ausgang!

Beispiel für eine ungewöhnliche Bewerbung

Sehr geehrter Herr Max Mustermann,
    warum bewerbe ich mich bei Ihnen? Ich suche dringend einen neuen Job! Den ganzen Rhetorikpart möchte ich mir und Ihnen an dieser Stelle ersparen. Weil ich nicht auf den Kopf gefallen bin, Erfahrungen in der Geschäftsführung mitbringe, außerordentlich gut organisieren kann und Ergebnisse nicht nur anstrebe, sondern auch erreiche, müsste das für diesen Job ziemlich gut passen. Zudem wohnt meine Lebensgefährtin in Ihrer Nähe, und ein Umzug wäre eine zusätzliche Motivation. Lernen wir uns gegenseitig doch einmal kennen und sprechen darüber, was ich für Ihr Unternehmen konkret tun kann.

Mit freundlichem Gruß

Vorname Nachname

Bitte lächeln – darauf achten Personaler

24

In Teil I und Teil II hast du alles Wissenswerte über den schriftlichen und persönlichen Bewerbungsprozess für junge Akademiker erfahren. Im Umkehrschluss kannst du ableiten, was Personalentscheidern wiederum wichtig ist. Dennoch ist damit noch nicht alles gesagt. In Abschn. 26.5 verdeutlicht die Recruiterin Aileen Fehlhauer ganz konkret die Perspektive, aus der Entscheider auf Bewerber blicken.

Ein interessanter Punkt ist neben den bereits erklären Begriffen „Passung", „Sympathie", „Kompetenz" und „Authentizität", wie Personaler Lügner im Vorstellungsgespräch entlarven. Sie achten dabei auf verbale und nonverbale Verhaltensweisen. Die Methodik ist psychologisch in einschlägiger Literatur gut beschrieben und wird auch von Profilern der Kriminalpolizei angewandt. Lügen lassen sich anhand folgender Verhaltensweisen relativ sicher entlarven:

- Besonders ruhige Körpersprache
- Leicht trauriger Blick
- Hängende Schultern
- Mundwinkel nach unten gerichtet
- Flache Atmung
- Nervöse Handbewegungen
- Schnelle Augenbewegungen in alle Richtungen
- Lange Pausen vor der Antwort
- Kurze Antworten, ohne Details zu nennen
- Erzählperspektive „man" statt „ich"
- Beantwortung der Rückfragen nach konkreten und realen Arbeitssituationen in der Vergangenheits- statt Gegenwartsform
- 08/15-Aussagen, z. B. „Das klingt hochinteressant"
- Zu viele anscheinend auswendig gelernte Antworten

© Springer-Verlag GmbH Deutschland, ein Teil von Springer Nature 2019
M. Sutoris, *Der Bewerbungs-Coach,* https://doi.org/10.1007/978-3-662-59458-2_24

▶ **Hinweis** Natürlich ist das nicht die Anleitung dafür, dass du Lügen kaschieren kannst. Vielmehr geht es darum, dass du genau diese Punkte vermeiden solltest, wenn du die Wahrheit sagst – damit deine Aussage nicht als Lüge gewertet wird!

Schlechte Jobangebote entlarven 25

Lasse dich nicht allzu sehr von Floskeln und Plattitüden in Stellenanzeigen locken. Genauso wie Bewerbungen und Arbeitszeugnisse einer bestimmten Rhetorik folgen, halten sich die meisten Unternehmen bei der Formulierung ihrer Stellenausschreibungen ebenfalls an ein bestimmtes Wording. Hier erhältst du einen kleinen Überblick, was sich hinter den Aussagen einer Stellenanzeige eigentlich verbirgt. Vorsicht ist definitiv geboten, denn immerhin müssen sich auch die Unternehmen bei den klügsten Köpfen „bewerben" – und es scheint, als haben einige von ihnen dafür ihre Marketinghausaufgaben sehr gut gemacht. Die folgenden Punkte erheben keinen Anspruch auf Vollständigkeit und sind nicht immer objektiv übersetzt. Doch dafür steckt ein großer Erfahrungsschatz in deren Interpretation:

- „Nur bei uns erleben Sie diese Erfahrung." → Hier stehen eher weniger die Arbeitsaufgaben im Fokus als viel Wind um nichts.
- „Wir legen den Grundstein für Ihre Karriere." → Deine junge Leistungsfähigkeit wird ausgebeutet, und danach folgt eine unsanfte Verabschiedung.
- „Wir leben die Dynamik eines Start-ups." → Heute so – morgen so; kaum Struktur in den Arbeitsprozessen vorhanden.
- „Sie sind belastbar und flexibel." → Mach dich auf etwas – schlechte Unternehmenskultur? – gefasst!
- „Leistungsgerechte Vergütung" → Kleines Grundgehalt, dafür wird zusätzlich eine umsatzabhängige Provision gezahlt – erhöhter Leistungsdruck.
- „Internationale Entwicklungsmöglichkeiten" → Zahlreiche Auslandseinsätze, auch spontan und nicht immer familienfreundlich.
- „Gutes Arbeitsklima" → Dies ist aus werblichen Gründen zumindest die Ansicht des Vorgesetzten.
- „Mit uns kommen Sie hoch hinaus." → Das Unternehmen will hoch hinaus – meist auf dem Rücken der Mitarbeiter.
- „Sie sprechen fließend Englisch." → Das Vorstellungsgespräch findet ohne „Vorwarnung" größtenteils auf Englisch statt.

© Springer-Verlag GmbH Deutschland, ein Teil von Springer Nature 2019 169
M. Sutoris, *Der Bewerbungs-Coach,* https://doi.org/10.1007/978-3-662-59458-2_25

- „Du rockst spannende und herausfordernde Projekte." → Vielleicht noch am ehesten, dass man gern selbst cool wäre …?
- „Du gestaltest unser Unternehmen aktiv mit." → Hoher Druck für die Mitarbeiter, weil die Gestaltung eigentlich der Job der Unternehmensleitung wäre.

Ganz ähnlich verhält es sich mit den Vorstellungsgesprächen. In diesem Buch ist mehrfach von einer Begegnung auf Augenhöhe die Rede. Du darfst in Vorstellungsgesprächen selbstsicher wirken und musst nicht als Bittsteller auftreten. Doch woran erkennst du, dass die Unternehmen dich nicht ernst nehmen und versuchen, dir einen Job anzubieten, der nicht das Gelbe vom Ei ist? An diesen Kriterien kannst du das im Vorstellungsgespräch festmachen:

- Künftiger Vorgesetzter macht einen schlechten Eindruck.
- Arbeitsplatz passt nicht zur Ausschreibung.
- Chemie zwischen dir und den Gesprächspartnern stimmt nicht.
- Chemie unter den Gesprächspartnern stimmt nicht.
- Man wird unter Druck gesetzt, und es wird Stress erzeugt.
- Lange Wartezeit vor dem Gespräch, ohne Information darüber, wann es für dich losgeht.
- Die Aussagen bzgl. Gehaltshöhe sind ungenau (z. B. „branchenüblich").
- Übertriebenes Eigenlob: „Auf Sie wartet eine großartige Gelegenheit …"

Treffen bei einem Vorstellungsgespräch einer oder mehrere dieser Punkte zu, kannst du davon ausgehen, dass das Unternehmen wohl eher einen weniger wertschätzenden Umgang mit seinen Mitarbeitern pflegt.

> **Tipp**
> Wenn du ein ungutes Gefühl bei deinem Gegenüber hast, wird das voraussichtlich auch keine erfolgreiche Zusammenarbeit werden. Lehne das Arbeitsangebot lieber ab, bevor es später zu Streitigkeiten im Job kommt. (In Abschn. 26.2 sowie in Abschn. 26.3 findest du weitere Hinweise zu den Interpretationsmöglichkeiten einer Ausschreibung).

Essentials von Coaches und Recruitern – Gastbeiträge von sechs Karriereexperten

Um dein Bewerbungscoaching durch dieses Buch erfolgreich abzurunden, erhältst du nun noch einige ganz besondere Einblicke von sechs Experten. Die folgenden Gastbeiträge bringen Ratschläge auf den Punkt, die einer Vielzahl erfolgreicher Bewerbungscoachings sowie Ansichten von Personalentscheidern entstammen. Von vier Coaches erhältst du essenzielle Tipps dazu, wie du dein Profil schärfen kannst, wie du Stellenanzeigen genauer verstehst, wie du deine Passung noch genauer verdeutlichst und worauf du im Vorstellungsgespräch noch mehr achtgeben kannst. Und zwei Recruiter geben dir den letzten Schliff für die Erstellung deiner Bewerbungsunterlagen sowie einen Überblick über die Herausforderungen eines Assessment Centers. Diese Beiträge wurden von geschätzten, erfahrenen und erfolgreichen Praktikern geschrieben, denen an dieser Stelle nochmals der Dank des Autors ausgesprochen wird.

26.1 Profil schärfen – Ziele definieren – Strategien entwickeln

Ralf Hell

> **Zur Person** Ralf Hell ist promovierter Politikwissenschaftler mit über 20-jähriger Erfahrung in der Beratung, in der beruflichen Aus- und Weiterbildung sowie im Coaching. Er berät Unternehmen und Kommunen in ganz Europa. Zudem leitet er Soft-Skill-Seminare und fördert als Coach Bewerber auf ihrem Karriereweg.

Erfahrungsgemäß mangelt es vielen akademischen Bewerbern nicht an Qualifikationen, sondern an der Fokussierung. Dies beginnt häufig damit, dass sie sich nicht darüber im Klaren sind, wo genau ihre Stärken, Schwächen und Potenziale liegen. Hier ist die SWOT-Analyse ein sehr gut geeignetes Instrument, um

© Springer-Verlag GmbH Deutschland, ein Teil von Springer Nature 2019
M. Sutoris, *Der Bewerbungs-Coach*, https://doi.org/10.1007/978-3-662-59458-2_26

das eigene Profil herauszuarbeiten bzw. zu schärfen und damit die Basis für eine erfolgreiche Bewerbungsstrategie zu entwickeln. Zwar ist die SWOT-Analyse vielen Jobsuchenden bekannt, allerdings sind in meinen Coachings viele Bewerber zunächst überrascht, wenn ich ihnen vorschlage, dieses Instrument auf sich selbst zu beziehen. Die einzelnen Buchstaben des Akronyms bedeuten:

S   = Strengths (Stärken)
W   = Weaknesses (Schwächen)
O   = Opportunities (Chancen)
T   = Threats (Risiken)

Wie geht man nun eine SWOT-Analyse an? Im Bereich „Strengths" geht es zunächst darum, sich seine Stärken sowohl mit Blick auf die Hard Skills als auch auf die Soft Skills systematisch vor Augen zu führen. Während die Rolle der Hard Skills bei der näheren Auswahl von Bewerbern offensichtlich ist, wird gerade die Bedeutung der Soft Skills häufig unterschätzt. Zu nennen sind hier etwa Präsentationsfähigkeiten, die man im Rahmen von Uniseminaren unter Beweis gestellt hat, oder Stärken im Bereich der Kommunikation und der Kooperation, die in Arbeitsgruppen deutlich geworden sind. Andere Beispiele sind Kompetenzen in der Organisation von Projekten in und außerhalb der Uni oder ein hohes Maß an Verantwortungsbewusstsein, das man etwa im Ehrenamt zeigt. Die skizzierte Differenzierung der Skills sollte man ebenso für die Schwächen und für die Herausforderungen im Rahmen der Analyse vornehmen.

Bezogen auf die Risiken ist es hingegen sinnvoll zwischen objektiven und subjektiven Risiken zu unterscheiden. Während eine einzelne Person beispielsweise auf die (objektiven) Entwicklungen auf dem Arbeitsmarkt keinen Einfluss hat, spielt für die Entscheidung etwa über einen berufsbedingten Wechsel des Wohnortes die familiäre und soziale Situation eines Bewerbers als subjektives Risiko häufig eine nicht zu unterschätzende Rolle.

In der Coaching Praxis haben sich neben der beschriebenen Differenzierung folgende Hinweise als sehr sinnvoll erwiesen:

- Die Analyse sollte in schriftlicher Form erfolgen. Man sollte sich alle Punkte, die im Rahmen der Analyse als wichtig erscheinen, notieren. Dies bietet die Möglichkeit, sich auch solche Aspekte, die eher unangenehm sind, dauerhaft vor Augen zu führen. So hat man zudem im Blick, wo zielgerichtete Veränderungen Sinn ergeben könnten.
- Die Analyse sollte über einen längeren Zeitraum erfolgen, um situativ bedingte Einflussfaktoren auszuschließen. Wie lang dieser Zeitraum dauert, ist unterschiedlich. Für gewöhnlich spürt man, wenn das Profil steht.
- Man sollte sich nach der Erstellung des Profils eine Fremdeinschätzung zu dem Ergebnis der Analyse einholen. Erfahrungsgemäß ist es gerade diese Fremdeinschätzung, die den Prozess der Selbstreflexion noch einmal neu beflügelt.

Nebenbei bemerkt bereitet man sich mit der SWOT-Analyse bereits auf viele typische Fragen in Vorstellungsgesprächen vor.

Ein Beispiel für eine SWOT-Analyse, die mögliche Strategien ableitet, ist in Tab. 26.1 dargestellt.

Ist das Profil auf der Grundlage der SWOT-Analyse erstellt, kann man, insbesondere ausgehend von den Stärken, mit der Ableitung von Zielen – den Opportunities – beginnen. Ein in der Praxis sehr gut geeignetes Instrument stellt hier die SMART-Formel dar. Sie bildet die Kriterien ab, die für eine tragfähige Zieldefinition gelten. SMART steht für:

S = Spezifisch
M = Messbar
A = Attraktiv
R = Realistisch
T = Terminiert

Bricht man ein konkretes, übergeordnetes Ziel in spezifische Teilziele herunter, werden Fortschritte bei der Zielerreichung messbar, da man zu jedem Zeitpunkt weiß, wo man steht. Das A der Formel hingegen wird unterschiedlich gefüllt. Ich persönlich fülle es mit dem Wort „attraktiv" im Sinne von motivierend. Hierbei kommt es darauf an, dass die Motivation möglichst von innen kommt, somit intrinsisch ist, und nicht von außen vorgegeben wird, also extrinsisch ist. Die Bedeutung dieses scheinbar – aber tatsächlich nur scheinbar – banalen Aspekts erklärt sich mit Verweis auf die Tatsache, dass die Motivation von Bewerbern eines der zentralen Auswahlkriterien von Arbeitgebern darstellt. Bewerber, die Motivation nur vortäuschen, werden schnell erkannt! Und dass Ziele auch erreichbar, sprich realistisch, sein und mit dem Datum der Zielerreichung konkretisiert werden sollten, liegt auf der Hand.

Tab. 26.1 Beispiel für eine SWOT-Analyse

	Intern		
Extern		Strengths • Guter Abschluss • Kommunikationsstärke • Überzeugungsfähigkeit • Sympathische Erscheinung	Weaknesses • Keine Praxiserfahrung • Mangelnde Sprachkenntnisse
	Opportunities • Erschließung neuer Tätigkeitsbereiche • Arbeit für inter-nationale Unter-nehmen	S/O-Strategien • Netzwerke • Persöliche Kontaktaufnnahme • Telefonieren	W/O-Strategien • Einstieg über ein Praktikum • Sprachkurs
	Threats • Kein Schreibtischmensch • Eingeschränkte Mobilität	S/T-Strategien Konzentration auf Bewerbungen in Bereichen mit Publikumsverkehr	W/T-Strategien • Keine Bewerbungen im Bürobereich • Keine Bewerbungen außerhalb von 100 km

Ein Beispiel für eine Zielformulierung nach der SMART-Formel könnte so klingen: „Ich will zwei Monate nach dem Abschluss meines Studiums der Wirtschaftsinformatik eine Stelle als Junior-Projektmanager in einem Kölner IT-Unternehmen gefunden haben."

Diese soeben skizzierte Abfolge der Schritte bietet sich für Bewerber an, die Schwierigkeiten im Bereich der Zieldefinition bzw. der Entscheidungsfindung haben. Dies ist erfahrungsgemäß nicht selten der Fall. Hat man hingegen schon ein Ziel für sich definiert, kann man die SWOT-Analyse mit der Zielformulierung abgleichen, um zu überprüfen, ob die Voraussetzungen für die Erreichung des Ziels auch tatsächlich vorliegen. Ist die Antwort Nein, stellt sich die Frage, was noch zu tun ist, wo noch Luft nach oben ist.

Ist das Profil klar und das Ziel hier empfehle ich ein scheinbar einfaches, aber sehr tragfähiges Instrument, die ALPEN-Methode. spezifisch definiert, kann man mit der Planung einer konkreten Bewerbungsstrategie beginnen. Auch Dabei stehen die einzelnen Buchstaben der Formel für Folgendes:

A   = Aktivitäten sammeln
L   = Länge festlegen
P   = Puffer einkalkulieren
E   = Entscheidung über Prioritäten
N   = Nachkontrolle und Verbesserung

Bei der Sammlung der Aktivitäten geht es darum, eine To-do-Liste zu erstellen. Was muss ich alles tun, um mein Ziel zu erreichen? Die nächste Frage ist dann, wie lange ich für welche Aktivität brauche. Um mit Unvorhergesehenem besser umgehen zu können, ist es weiterhin sinnvoll, einen ausreichenden zeitlichen Puffer einzukalkulieren. Die Faustformel lautet hier, 60 % der Zeit zu verplanen, 40 % hingegen nicht zu verplanen. Wird der Puffer nicht benötigt, kann man Unerledigtes abarbeiten, die Erledigung zukünftiger Aufgaben vorziehen oder es sich einfach mal gut gehen lassen. Bezogen auf die Prioritätensetzung kann man sehr gut mit der klassischen Reihenfolge der A/B/C-Prioritäten arbeiten. A ist dabei die wichtigste und dringendste Priorität. Am Ende einer definierten Zeiteinheit – dies kann ein Tag oder eine Woche sein – überprüft man, was bereits erledigt wurde und was in der nächsten Zeiteinheit erledigt werden sollte.

Auch die Strategieplanung nach der ALPEN-Methode sollte unbedingt schriftlich erfolgen. Der Grund hierfür liegt darin, dass die schriftliche Fixierung der erforderlichen Schritte und Aktivitäten ein hohes Maß an Verbindlichkeit und Kontrollierbarkeit mit sich bringt. Vermeidungsstrategien werden so deutlich erschwert.

Die Reihenfolge der Erstellung der SWOT-Analyse und der Definition der Ziele nach der SMART-Formel hängen von der individuellen Situation ab, können also jeweils der erste oder der zweite Schritt sein. Die Strategieentwicklung nach der ALPEN-Methode ist hingegen immer der dritte Schritt.

Viel Erfolg!

> **Ralfs Essential**
> Qualität geht vor Quantität. Bewerbungen sind keine Massenware, sondern sollten individuell auf die jeweilige Stelle ausgerichtet sein. Ein weiteres wichtiges Element in einer Bewerbungsstrategie sollten Initiativbewerbungen sein – vor allem in deinen Netzwerken.

26.2 Eine Bewerbung lohnt sich immer

Petra Dropmann

▶ **Zur Person** Petra Dropmanns Weg führte über die Rechtswissenschaften und die Juristerei zu einem ganzheitlichen Beratungsansatz. Sie arbeitet als ausgebildete Supervisorin und Coach mit Führungskräften und Teams in unterschiedlichen Branchen. Darüber hinaus berät sie Menschen in beruflichen und privaten Veränderungsprozessen. In ihrer Arbeit stehen die drei V im Mittelpunkt: Verantwortung, Verbindlichkeit und Vorbild als Maßstab für das eigene Handeln. Nicht das selbstoptimierende „besser, schneller, weiter, höher" ist maßgeblich für ihre Arbeit, sondern sie bringt Menschen dazu, eine reflektierte, gesunde, nachhaltige und verantwortungsvolle Perspektive einzunehmen.

Eine Bewerbung lohnt sich immer, auch dann, wenn man (scheinbar) nicht alle Voraussetzungen der Stellenausschreibung erfüllt. Es kommt auf die – realistische und selbstkritische – Einschätzung der eigenen Kompetenzen und Erfahrungen an. Hieraus sollte eine klare und selbstsichere Haltung im Bewerbungsprozess resultieren.

> **Beispiel für eine sehr vage formulierte Stellenausschreibung**

Wir suchen SIE!

- Erfolgreich abgeschlossenes Studium in … (oder vergleichbar)
- Herausragende Noten (Promotion erwünscht)
- Erste Berufserfahrungen wünschenswert (am besten im Ausland erworben)
- Sehr hohe digitale Kompetenz, Kenntnisse in … Programmen
- Englisch fließend in Wort und Schrift, zweite Fremdsprache wünschenswert
- Engagierter Teamplayer, Kommunikationstalent, flexibel, belastbar
- Leistungsbereitschaft, Durchsetzungsvermögen
- Interesse für …/Spaß an …

Wenn Sie denken, dass Sie die Richtige oder der Richtige sind, dann senden Sie uns Ihre perfekten Bewerbungsunterlagen und überzeugen uns mit einem fulminanten Auftritt im Vorstellungsgespräch.

Wie verstehst du eine Stellenausschreibung? Durch welche Brille oder mit welcher Haltung liest du diese? Denkst du, dass du die Erwartungen, die dir aus den Stellenbeschreibungen entgegenspringen, alle erfüllen musst? Winkst du schon beim zweiten Anforderungspunkt „herausragende Noten" oder beim dritten „erste Berufserfahrungen" ab, weil du dies (nach deiner Meinung) nicht vorweisen kannst? Das ist nur eine Möglichkeit, eine Stellenausschreibung als eine Art Check- oder Bestellliste zu betrachten. Und zu denken: „Nur, wenn ich alle Punkte zu 100 % erfülle, lohnt es sich, mich zu bewerben." Es gibt allerdings auch eine andere Sichtweise.

Meine Erfahrung aus vielen Bewerbungscoachings ist, dass Menschen, die zwar eine Vorstellung von ihrem beruflichen Weg haben, sich dennoch durch die konkrete Suche manchmal zu schnell entmutigen lassen. Potenzielle Bewerberinnen oder Bewerber fahren gar nicht erst den Computer hoch, um eine Bewerbung zu verfassen. Die Hürden, die das Anforderungsprofil in einer Stellenausschreibung darstellt, erscheinen ihnen unüberwindbar. Mal scheinen die Anforderungen an die beruflichen Erfahrungen nicht erfüllbar, mal sind es Fragezeichen hinter den erwarteten *social skills,* mal stolpern sie über die Erwartung, „Englisch fließend in Wort und Schrift" zu beherrschen.

In Stellenausschreibungen locken Unternehmen mit Angeboten. Mittels grafischer Aufmachung, toller Fotos und mitreißender Texte möchte sich das Unternehmen optisch abheben und empfehlen. Grob zusammengefasst lauten die Kernaussagen: „Wir sind die Größten, die Besten und die Tollsten, wie bieten die besten Arbeitsplätze zu den tollsten Konditionen. Wir suchen die Besten und Tollsten. Wir suchen Sie!".

Unternehmen teilen in den Stellenausschreibungen auch mit, was sie von potenziellen neuen Mitarbeitern oder Mitarbeiterinnen erwarten. Ausschreibungen, die sich explizit an Absolventen und Absolventinnen richten, sind ebenfalls gespickt mit Anforderungen. Dagegen ist nichts einzuwenden. Schließlich definiert das Unternehmen den Bedarf, den es an Mitarbeiterinnen und Mitarbeitern braucht, und legt die Voraussetzungen fest, die ein Bewerber oder eine Bewerberin zu erfüllen hat. Allerdings sind diese Ausschreibungen Maximal- oder Idealbeschreibungen – ein Wunschzettel.

Du kennst die „eierlegende Wollmilchsäue"? Das sind Menschen, die alles und noch mehr können und dies auch noch perfekt. Es mag Bewerberinnen oder Bewerber geben, die zu 100 % (und evtl. sogar darüber hinaus) den Anforderungen einer Stellenausschreibung entsprechen. Doch die sind so selten, wie es eierlegende Wollmilchsäue eben sind. Und das ist auch den Unternehmen bekannt. Dennoch hoffen sie, die eine oder andere eierlegende Wollmilchsau einzufangen. So wie du vom idealen Traumjob träumst, so träumen Unternehmen vom idealen Mitarbeiter bzw. von der idealen Mitarbeiterin.

Wenn aber Unternehmen wissen, dass nicht alle ihre Wünsche in Erfüllung gehen, so sollte genau dies einen Bewerber oder eine Bewerberin nicht davon abhalten, sich auf eine Stelle zu bewerben, selbst wenn man der Ansicht ist, nicht alle geforderten Voraussetzungen zu erfüllen. Sich nur auf solche Stellen und erst dann zu bewerben, wenn man zu 100 % sicher ist, zu 100 % alle geforderten

Voraussetzungen zu erfüllen, könnte dazu führen, kaum oder gar keine Bewerbung abzusenden. Stattdessen ist es angezeigt, die eigenen Fähigkeiten und Erfahrungen realistisch einzuschätzen und mit den (Ideal-)Vorstellungen des Unternehmens abzugleichen. Die Ausschreibung einer Stelle sehr genau zu lesen, ist hierbei unerlässlich. Es ist wichtig zu erkennen, welche der genannten Voraussetzungen zwingend erfüllt sein müssen und welche nicht.

Wenn man Ausschreibungen genau liest, findet man häufig Formulierungen wie „Abgeschlossenes Bachelor- oder Fachhochschulstudium in einem der genannten Studiengänge oder vergleichbar" oder „erfolgreich abgeschlossenes Studium der … (Bachelor/Master), idealerweise mit dem Schwerpunkt … oder vergleichbar" oder Wörter wie „wünschenswert", „gerne" und „Bereitschaft". Diese Formulierungen signalisieren, dass es für das Unternehmen *nice to have* ist, wenn Bewerberinnen oder Bewerber diese Voraussetzungen erfüllen (bei 100 % wäre dies eben jene eierlegende Woll-Milch-Sau), aber eben kein zwingendes *must have*. Eine Bewerbung lohnt sich immer!

Die Kenntnisse und Erfahrungen, die Bewerberinnen und Bewerber mitbringen, sind – spiegelbildlich zu einer Stellenausschreibung – ein Angebot an den Arbeitgeber. Ein Bewerbungsverfahren ist ein gegenseitiges Werben: Der Arbeitgeber wirbt für sich um die besten Mitarbeiterinnen und Mitarbeiter. Und die Bewerberinnen und Bewerber werben jeweils für sich um den besten Arbeitsplatz. Man trifft sich also auf Augenhöhe – man will zueinander passen!

Mein Rat: Eine Stellenausschreibung aufmerksam und kritisch lesen! Hierbei hilft auch immer, sich intensiv mit dem Unternehmen zu befassen und z. B. durch Recherchen herauszufinden, was dem Unternehmen wirklich wichtig ist und ob dies zu dem passt, was man selbst anbieten kann.

Und sich hierbei die Fragen stellen: Was von dem, das der Arbeitgeber in der Stellenausschreibung verlangt, ist zwingend erforderlich, und was ist *nice to have*? Was davon erfülle ich wirklich, und was davon kann ich darüber hinaus anbieten? Und was erwarte ich wiederum vom Arbeitgeber?

Wenn die zwingenden Voraussetzungen erfüllt sind (die meist an erster und zweiter Stelle stehen) und man selbstbewusst die eigenen Fähigkeiten und Erfahrungen mit den Anforderungen abgleichen und konkret benennen kann, sollte man sich bewerben. Ansonsten hat man eine potenzielle Chance für ein gegenseitiges Werben auf Augenhöhe vertan.

Petras Essential
Je klarer und sicherer du deiner selbst bist, desto klarer wird deine Bewerbung. Kenne deine Fähigkeiten und Schwächen, würdige deine Leistungen und entwickle daraus eine Idec für deine Zukunft. „Be-Werbung" bedeutet, für sich zu werben und von potenziellen Arbeitgebern umworben zu werden.

26.3   Wer liest, ist klar im Vorteil

Beate S. Mies

▶   **Zur Person** Als ehemalige Personalmanagerin unterstützt Beate
     Mies heute als Trainerin und Coach Menschen dabei, einen selbst-
     bestimmten und erfüllten Lebensweg zu gehen. Seit rund 15 Jahren ist
     sie als Trainerin an Hochschulen unterwegs und bietet Seminare an, in
     denen Studierende kommunikative und persönliche Kompetenzen auf-
     bauen. Das „Bewerbungstraining für Studierende" war dabei die erste
     Bühne ihrer Trainerlaufbahn. Darüber hinaus ist sie eine anerkannte
     Spezialistin für Resilienz und Stressmanagement.

Die Personalerin in mir hat mich bewogen, in diesem Gastbeitrag Werbung für
das richtige Lesen von Stellenanzeigen zu machen. Dank Job Alerts und allerlei
Automatisierung beim Versenden von Bewerbungsunterlagen ist nämlich die Zahl
derer, die sich mit einem Stellenangebot wirklich auseinandersetzen, sehr stark
gesunken. Man kann feststellen, dass ein Großteil der Online-Bewerbungen allein
aufgrund des Jobtitels versendet werden – als ob es keinen Unterschied macht, ob
jemand als Projektmanager ein IT- oder ein Brunnenbauprojekt begleitet.
    Recruiting ist eine Kernaufgabe im Personalmanagement und ein aufwendiger
Prozess. Nach Feststellung des Personalbedarfs investieren Personalabteilungen
viel Zeit in die Abstimmung und Formulierung von Stellenausschreibungen, damit
diese einen möglichst detaillierten Eindruck vom tatsächlichen Jobprofil geben.
Welche Fachkenntnisse braucht der neue Mitarbeiter bzw. die neue Mitarbeiterin?
Wie viel praktische Berufserfahrung? Aus welcher Branche sollten Bewerber
stammen? Welche Soft Skills sind unabdingbar? Welche Einstellungen sollte
jemand haben, der in diesem Unternehmen erfolgreich arbeiten will? Erst wenn
dieses Idealbild gezeichnet wurde, wird die Stelle veröffentlicht.
    Verständlich ist dann der Frust von Recruitern, wenn 80 % der Bewerber nur
den Jobtitel lesen und auf gut Glück einen Standardlebenslauf und ein nichts-
sagendes Anschreiben zusenden! Und umso höher sind die Chancen der ver-
bleibenden 20 %, durch eine passgenaue Bewerbung erfolgreich zu sein.
    Für Studierende sind Stellenanzeigen eine wahre Fundgrube für den erfolg-
reichen Berufseinstieg. Sie vermitteln einen hervorragenden Überblick über den
Arbeitsmarkt, zeigen die Unterschiede von Arbeitgebern auf, geben Details über
Aufgaben und Herausforderungen bestimmter Berufe und enthalten das Fach-
vokabular, das es braucht, um seine Kenntnisse professionell zu präsentieren.
    Was bedeutet eigentlich „erfolgreich sein"? Es bedeutet, das zu erreichen,
was man für sich selbst als erstrebenswert hält. Studierende legen in ihrem
Studium dazu den Grundstein und orientieren sich gegen Ende des Studiums
in Richtung Arbeitsmarkt. Dazu müssen sie sich erstmals wirklich der eigenen
Kompetenzen bewusst werden, ihre Interessen ausloten, verborgene Schätze
heben. Manchmal „landen" Personen in sog. Karriere-Workshops, die leider

einen eher defizitorientierten Blick auf ihr Können, Wissen und ihr Kompetenz-spektrum werfen. Das heißt, sie sehen nur, was sie (noch) nicht können, wissen, anwenden, was aber vermeintlich vom Arbeitsmarkt gefordert ist. Nach mei-nen Trainings erhalte ich allerdings oft das Feedback, dass die Teilnehmerinnen und Teilnehmer nun endlich motiviert sind, es mal mit einer Bewerbung auszu-probieren – weil sie wissen, was sie können und was sie wollen!

Sich für eine Aufgabe zu begeistern und sich dafür zu engagieren, das ist das Credo vieler erfolgreicher Menschen. Diese Begeisterung, diese Identifikation erfragen und erspüren Personaler und Fachverantwortliche im Bewerbungs-verfahren. Mach dein Ding! Folgende Vorteile ergeben sich für dich, wenn auch du den Kern deiner Motivation und deiner Ziele entdeckst:

1. *Du findest deine Antreiber:* Wie aber können Studierende für sich herausfinden, was sie antreibt? Ein Teil davon ist sicher biografische Arbeit – sich darüber bewusst werden, wo die eigenen Stärken, Interessen und Erfahrungen liegen.

   Der zweite wichtige Teil ist jedoch herauszufinden, wie dieses individuelle persönliche Profil mit den Anforderungen des Arbeitsmarktes übereinstimmt. Passgenauigkeit ist das A und O für erfolgreiches Bewerben. Schon allein dafür lohnt sich die Lektüre von Stellenanzeigen! Häufig liest man in Stellen-anzeigen Formulierungen wie „Mit Ideen aus Leidenschaft zum Erfolg", „Zu einer starken Familie gehören", „Wir entwickeln Zukunft" oder „Tradition und Innovation".

   Doch welche Botschaft spricht dich wirklich an? Wenn man sich länger mit Stellenanzeigen auseinandersetzt, kommt man seinen eigenen Beweggründen und Präferenzen ganz gut auf die Spur. Du erkennst, dass du auf bestimmte Sätze positiv, auf andere eher gar nicht oder sogar negativ reagierst, und kannst daraus wichtige Schlüsse über deine eigenen Motive ziehen. Mach dir Notizen dazu: Wie möchtest du arbeiten? Was bewegt dich? Was treibt dich an?

   Angenommen, ein Unternehmen verlangt von dir ein Motivationsschreiben, in dem du begründest warum du in diesem Job bei diesem Unternehmen arbei-ten möchtest, dann fällt es dir nach dieser Selbstanalyse deutlich leichter, von deinen Beweggründen zu überzeugen.

2. *Anforderungsprofile liefern das richtige Vokabular:* Egal, ob das Unternehmen Bewerbungen mit einem Algorithmus auswertet oder menschliche Köpfe die Bewerbungseingänge sichten. Beide suchen nach den passenden Schlüssel-begriffen für das spezifische Jobangebot. Sind die auf den ersten Blick nicht erkennbar, wird die Bewerbung schnell als unbrauchbar verworfen.

   Als Studierender tust du gut daran, dich mit der jobtypischen Begrifflich-keit auseinanderzusetzen. Suche dir mehrere Stellenanzeigen, die für deine beruflichen Vorstellungen infrage kommen, und notiere dir, welche typischen Aufgaben, welche typischen Fachkenntnisse und welche typischen Soft Skills gefragt sind. So entwickelst du dir ein fachliches Glossar, auf das du immer zurückgreifen kannst, wenn du deinen Lebenslauf für eine Bewerbung anpasst.

Die Analyse von Stellenanzeigen nützt dir außerdem, um dein individuelles Jobprofil passend zu beschreiben und deine Selbstpräsentation zu optimieren. Dafür findest du zu den einzelnen Anforderungen Beispiele, wo du diese bereits erfüllt hast. Mit diesen Belegen deiner Erfahrungen wird dein Anschreiben glaubwürdig, deine Selbstdarstellung im Bewerbungsgespräch authentisch und professionell, und dein Lebenslauf gewinnt durch die richtigen Schlüsselbegriffe Überzeugungskraft.

3. *Du verdeutlichst deine Passung zum Job:* Natürlich fragt man sich, wie viel Passung für eine Stelle wirklich erforderlich ist. Denn Unternehmen veröffentlichen ein Idealprofil – und das kann einen gerade als Berufsanfänger schon mal ordentlich verunsichern. Daher gilt: Die besten Chancen, für die Besetzung der Stelle in Betracht gezogen zu werden, hat man, wenn man ca. 70 % der Anforderungen erfüllt.

Hilfreich ist es dabei zu beachten, wie die Anforderungskriterien im Text priorisiert werden – Begriffe wie „wünschenswert", „idealerweise", „weitere Kenntnisse sind ein Plus" etc. machen deutlich, dass die beschriebenen Kompetenzen nicht unbedingt verlangt werden (sie geben eher Entwicklungstendenzen preis). Fehlen solche Einschränkungen, insbesondere bei den fachlichen Voraussetzungen, kann man davon ausgehen, dass dieses Kriterium unbedingt erfüllt sein muss. Ist das bei dir der Fall und findest du die Stelle wirklich attraktiv, solltest du dich auf jeden Fall bewerben – und von deinem Können und deiner Begeisterung mit einer individuell angefertigten Bewerbung überzeugen.

Jungen Bewerbern rate ich vor allem dazu, die angesprochene Praxiserfahrung zu erwerben und klar zu kommunizieren. Man lernt dabei typische Arbeitsabläufe, Kommunikationswege und Führung kennen, macht Erfahrungen, wie man sich in ein Team integriert und einen Beitrag leistet. All diese Erfahrungen verhelfen – sinnvoll reflektiert – zu einem professionellen und glaubwürdigen Auftritt im Bewerbungsprozess.

Nach meinen Erfahrungen, sowohl früher als Bewerberin als auch später als Personalleiterin, steigt die Wahrscheinlichkeit, zu einem Vorstellungsgespräch eingeladen zu werden an, wenn du vorab ein erstes Telefonat initiierst. Vorabtelefonate signalisieren Proaktivität, Motivation und Kontaktstärke und bauen eine erste, häufig positive Beziehung auf – aber nur, wenn du das Telefonat sehr professionell führst. Agiere selbstsicher und neugierig, stelle Fragen zu den genauen Aufgaben des Jobs, beziehe diese Aufgaben auf dein Profil und stelle direkt dar, dass du für das Unternehmen ein geeigneter Bewerber sein könntest. Ein zielloses Telefonat nur um des Telefonierens willen würde einen garantierten Misserfolg vorbereiten! Daher lautet mein Tipp: Wenn eine Stelle wirklich für dich interessant erscheint, bereite ein interessantes Telefonat dazu vor und initiiere dann den Kontakt mit dem Ansprechpartner.

> **Beates Essential**
> Studierende sollten sich schon während des Studiums mit möglichen zukünftigen Arbeitsmärkten beschäftigen, um sinnvolle Weichen stellen zu können und sich bietende Chancen zu erkennen. Mit regelmäßigem Lesen und Auswerten von Stellenanzeigen als Recherchequelle verringert sich dann auch der Stress, wenn man ernsthaft auf die Suche nach dem Traumjob geht.

26.4 Praxistipps für ein erfolgreiches Bewerbungsgespräch

Andrea Schlotjunker

▶ **Zur Person** Andrea Schlotjunker wählte nach ihrem Lehramtsstudium den Weg in die freie Wirtschaft. Sie verfügt über eine 20-jährige Berufs- und Leitungserfahrung in der Erwachsenenbildung als Personalentwicklerin für Fach- und Führungskräfte sowie als Trainerin und Bewerbungscoach. Zudem ist sie Mitgründerin und Gesellschafterin von „innovaBest – Institut für Innovation & Bildung".

Mein Hauptanliegen in einem Coaching-Prozess von Bewerbern lautet „Vertrauen und Beziehung". Mir geht es vor allem darum, die Person als Ganzes in den Mittelpunkt des Coaching-Prozesses zu stellen. Mich interessiert, was die Person bewegt, was ihre Erwartungen, Ziele, Pläne, Träume, Hoffnungen, aber auch Befürchtungen und Hemmnisse sind. Um erfolgreich miteinander arbeiten zu können, ist ein offener und vertrauensvoller Umgang unverzichtbar. Der Aufbau einer guten Beziehungsebene ist aus meiner Sicht das A und O im Coaching. Durch dieses „Sparring" kann eine gute Selbstreflexion ermöglicht und eine realistische Bewerbungsstrategie abgeleitet werden. In diesem Gastbeitrag möchte ich über meine persönlichen drei besten Tipps für ein erfolgreiches Bewerbungsgespräch schreiben:

1. *Persönlichkeit zählt:* Mit den Bewerbungsunterlagen – deiner ersten Arbeitsprobe – hast du das „Versprechen" abgegeben, dass du der passende Kandidat für den Job bist. Im Bewerbungsgespräch ist es nun deine Aufgabe, das Versprechen glaubhaft einzulösen. Deine fachlichen Qualifikationen und Kompetenzen sowie formale Kriterien waren bereits bei der Auswahl von möglichen Kandidaten auf dem Prüfstand – das hast du gemeistert. Sicher werden diese im Gespräch auch thematisiert, aber es geht Personalentscheidern hier besonders darum, mehr über deine Persönlichkeit zu erfahren. Verdeutliche dir, wer du bist und was dich persönlich ausmacht. Das kannst du meist gut anbringen, wenn du gebeten wirst, etwas von dir zu erzählen. Viele Kandidaten machen hier den Fehler, lediglich ihren Lebenslauf „runterzubeten".

Viel besser ist es, wenn du herausstellst, warum du dich für dein Studium, das Thema deiner Abschlussarbeit entschieden hast, was du im Studium oder in anderen Tätigkeiten erfolgreich gemacht hast, was dich genau an der ausgeschriebenen Tätigkeit, den Aufgaben und dem Unternehmen interessiert. Beschreibe deine (Leistungs-)Motivation und Erfahrungen, die du bisher gesammelt hast. Auch deine (Karriere-)Ziele und (Lebens-)Pläne sind von Interesse. Nutze konkrete, ausgewählte Beispiele als Beweise für deine Ausführungen. Dies ist eine gute Gelegenheit, deine Kompetenzen und Entwicklungspotenziale glaubhaft darzustellen. Ebenso geben deine Freizeitgestaltung und Hobbys Einblicke in deine Persönlichkeit und werden gerne in Bewerbungsgespräche einbezogen.

Achte bei deiner Selbstdarstellung immer darauf, ehrlich und authentisch zu sein. Es nützt niemandem, wenn du ein Schauspiel ablieferst, weil du vielleicht denkst, dass man dieses oder jenes gerne von dir hören möchte bzw. erwartet. Personalentscheider sind erfahren genug und bemerken, wenn du dich „verstellst". So, wie du bist, bist du okay – mit all deinen Talenten und Fähigkeiten sowie auch mit deinen Ecken und Kanten, die ein liebenswerter Teil deiner Persönlichkeit sind.

Es gibt natürlich auch mal weniger erfolgreiche Phasen im (Berufs-)Leben. Wenn z. B. mal etwas in deinem Studium oder Berufsbiografie nicht so optimal gelaufen ist, stehe ruhig dazu. Erkläre, warum das so war, wie du damit umgegangen bist, wie du die Situation wieder in den Griff bekommen hast. Natürlich solltest du nicht auf deinen Schwächen rumreiten, aber niemand ist perfekt, und Ehrlichkeit und Offenheit machen sympathisch. Das ist ein nicht zu unterschätzender Wert – nicht nur im Bewerbungsgespräch.

Apropos Schwächen: Die Frage nach Stärken und Schwächen ist eine bei Personalentscheidern nach wie vor beliebte Frage im Bewerbungsgespräch. Aus meiner Erfahrung als Coach und Personalentscheiderin ist sie bei vielen Bewerbern eine gleichermaßen gefürchtete Frage, besonders die nach den Schwächen. Wie gehst du am besten damit um? Aus meiner Sicht solltest du vor allem wissen, dass es sich in der Regel nicht um eine Fangfrage handelt, mit der man deinen „wunden Punkt" aufdecken möchte. Das passiert ungewollt nur dann, wenn deine Ausführungen nicht überzeugen bzw. wenn vermutet wird, dass du etwas verschweigst. Personalentscheider wollen mit dieser Frage eher herausfinden, ob und wie du zur selbstkritischen Reflexion in der Lage bist. Doch wie kannst du dich darauf vorbereiten? Mein Tipp: Interviewe Personen, die dich gut kennen. Im Gespräch kannst du dich dann auf diese Aussagen beziehen. Als Beispiel sei hier die – vermeintliche – Schwäche „Ungeduld" genannt: „Wenn Sie meine Mutter, meinen Partner, Studien-, Arbeitskollegen usw. fragen, wird er/sie sagen, dass ich manchmal ungeduldig bin." Lege dann dar, dass dir diese Schwäche durchaus bekannt ist und wie du mit ihr umgehst. Ein weiterer Tipp ist es, die Schwäche an eine Stärke zu koppeln, denn häufig impliziert eine Schwäche auch eine Stärke und umgekehrt. Arbeite die Stärke, die hinter der vermeintlichen Schwäche steht, heraus. Ein Beispiel: „Aufgrund meines schnellen und ergebnisorientierten Arbeitsstils möchte ich eine Aufgabe zügig und erfolgreich abschließen (Stärke). Wenn das mal nicht so klappt, wie ich es mir vorstelle, kann ich ungeduldig werden (Schwäche)." Dann beschreibst du am besten noch eine dazu passende, konkrete Situation als Beispiel, und der Personalentscheider hat seine Antwort. Eine Kombination beider Varianten ist natürlich auch möglich. Übrigens, Beispiele müssen sich nicht ausschließlich immer auf das Berufliche beziehen. Du darfst durchaus auch eines aus deinem privaten Bereich wählen, wenn du ein passendes parat hast. Das macht dich wieder sehr authentisch und kann auch zur Auflockerung beitragen.

2. *Der positive Auftritt überzeugt:* Wichtig ist nicht nur, was du sagst, sondern auch, wie du das tust. Verhalten, Körpersprache und Mimik transportieren deine verbalen Aussagen und hinterlassen einen bleibenden Eindruck. Besonders wenn du in Konkurrenz zu anderen Bewerbern stehst, die vergleichbare Qualifikationen und Kompetenzen anbieten, kann dein persönlicher Auftritt den vielleicht kleinen, aber entscheidenden Unterschied ausmachen. Gestalte deinen Auftritt daher positiv. Sei dir bewusst, dass das Vorstellungsgespräch beginnt, sobald du das Unternehmen betrittst. Deine Konzentration sollte von Beginn an auf Hochtouren laufen. Vermeide aber einen „Tunnelblick". Jeder, der dir begegnet, könnte dein zukünftiger Kollege sein – oder vielleicht sogar der Personalentscheider selbst. Da ist es natürlich prima, wenn er sich an eine freundliche, offene, interessierte Person erinnert.

   Schau dich bewusst um und sammele erste Eindrücke vor Ort vom Unternehmen und den Menschen, die hier arbeiten. Neben den Informationen, die du sicherlich bereits über das Unternehmen recherchiert hast, können diese Eindrücke sehr hilfreich für das anschließende Gespräch sein.

   Natürlich bist du aufgeregt, das ist ganz normal und auch jedem Personalentscheider bewusst. Daher brauchst du das nicht zwanghaft zu verstecken. Manchmal hilft es sogar, deine Aufregung zu Beginn des Gesprächs offen anzusprechen – besonders wenn du als Berufseinsteiger die erste „richtige" Stelle suchst. Das lockert auf und macht dich mit deiner Ehrlichkeit sympathisch. Im Laufe des Gesprächs wird sich die Aufregung legen, und wenn du dann souverän, da gut vorbereitet, das Gespräch mitgestaltest, ist das kein Problem mehr. Achte im Gespräch darauf, dass du Blickkontakt hältst und aktiv zuhörst. Und bitte, du bist nicht in einer Quizshow, in der du unter Zeitdruck die „richtigen" Antworten abliefern musst. Auch wenn du sofort Antworten parat hast, lasse dein Gegenüber aussprechen. Du darfst natürlich über eine Frage nachdenken, und wenn du etwas nicht richtig verstanden hast, darfst du ohne Weiteres nachfragen. Atme ruhig durch, denn das löst Anspannungen. Sprich langsam und baue hin und wieder mal eine Sprechpause ein. Ein Lächeln macht dich übrigens unwiderstehlich, also schenke es ab und zu deinem Gegenüber.

3. *Eine gute Vorbereitung ist die halbe Miete:* Zur Vorbereitung des Gesprächs ist es gut zu wissen, wie ein Bewerbungsgespräch abläuft. Das geschieht meist in folgenden Phasen: Nach Begrüßung und kurzem Small-Talk folgt entweder eine kurze Selbstdarstellung des Unternehmens mit Darstellung des

Anforderungsprofils der Tätigkeiten und Aufgaben oder direkt die Selbst-präsentation des Bewerbers. Im Gespräch werden mithilfe von Fragen dann meist der Lebenslauf und die fachlichen, sozialen und methodischen Kompetenzen des Bewerbers näher betrachtet. Vor Abschluss des Gesprächs hat dann der Bewerber noch die Gelegenheit, seinerseits Fragen zu stellen. Es folgt eine Verabschiedung mit Klärung der weiteren Vorgehensweise.

Bereite das Gespräch vor, indem du dir Gedanken machst, was du zu möglichen Fragen sagen möchtest, welche Beispiele du anbringen kannst. Schreibe deine Gedanken vorab einfach mal auf. Bei der Erarbeitung empfiehlt es sich, mal einen Perspektivenwechsel vorzunehmen. Verlasse die Rolle des Bewerbers und stelle dir vor, du bist Personalentscheider. Was möchtest du vom bzw. über einen Kandidaten erfahren? Gibt es Situationen in deinem Lebenslauf, in deiner (Berufs-)Biografie, die du als Personalentscheider genauer erklärt haben möchtest? Nimm diese Punkte mit in deine Überlegungen.

Hilfreich ist auch, das Gespräch vorher mit einem Sparringspartner zu proben. Reflektiert anschließend gemeinsam, was gut gelaufen ist und wo es noch Verbesserungspotenzial gibt.

Eine gute Vorbereitung ist es auch, sich selbst zu fragen, warum du der beste, der richtige Kandidat für die Stelle bist und warum man gerade dich einstellen sollte. Diese Frage „schwebt" immer – ausgesprochen oder nicht – über dem gesamten Bewerbungsprozess. Setze dich intensiv mit der Frage auseinander. Hilfreich kann dabei sein, wenn du zusätzlich Fremdeinschätzungen von Personen einholst, die dich und deine Qualitäten gut kennen. Du wirst erstaunt sein, welche guten Impulse du dadurch noch erhältst. Schreibe diese Dinge auf und nimm deine Notizen vor dem Gespräch nochmals zur Hand. Das wird dich positiv einstimmen und stärkt dein Selbstvertrauen.

In der Regel – meist zum Ende des Gesprächs – hast du die Möglichkeit, Fragen zu stellen. Überlege dir daher vorher einige gute Fragen. Im Erstgespräch machen Fragen zur genaueren Beschreibung des Aufgaben- und Tätigkeitsbereichs Sinn oder in welchem Team du arbeiten wirst – einfach all das, was dich ernsthaft interessiert. Schreibe deine Fragen auf und nimm sie mit ins Gespräch. Einerseits signalisierst du damit dein Interesse, da du dich offensichtlich mit dem Tätigkeitsprofil und dem Unternehmen intensiv beschäftigt hast. Andererseits benötigst du solche Informationen über die künftige Stelle für deine eigenen Entscheidungen. Achte immer darauf, Fragen nicht um der Frage willen zu stellen, sondern dass sie auch Sinn ergeben.

Zum Abschluss noch eine Bemerkung zum Thema „Absagen". Wenn es nicht sofort mit der Anstellung klappt, lasse dich nicht entmutigen. Bleibe aktiv, nimm die Erfahrungen mit, die du aus dem Gespräch ziehen konntest, und nutze diese für folgende Vorstellungsgespräche. Es braucht manchmal einige Neins, bis das Ja kommt – das gilt im Bewerbungsprozess genauso wie in anderen Lebensbereichen. Bereite dich gut vor, wisse, was du (bieten) kannst und auch was *du* willst. Und mit dem nötigen Quäntchen Glück – das manchmal dazugehört – wirst du sehr bald schon erfolgreich sein.

> **Andreas Essential**
> Sei du selbst – wisse, was du kannst und willst – tritt auf Augenhöhe in Kontakt – bereite dich gut vor.

26.5 Worauf Personaler achten

Aileen Fehlauer

▶ **Zur Person** Aileen Fehlauer arbeitet seit dem Abschluss ihres Studiums im Personalmanagement bei einer renommierten Bank. Sie betreut unter anderem das Active Sourcing (Direktansprachen auf sozialen Netzwerken, z. B. Xing) und das Recruiting von Praktikanten, Werkstudenten und Trainees für unterschiedliche Fachbereiche des Unternehmens. Sie sichtet zahlreiche Bewerbungen, trifft eine Vorauswahl der interessantesten Kandidaten und nimmt an den Vorstellungsgesprächen teil.

Damit deine Bewerbungsunterlagen direkt zu Beginn einen guten Eindruck hinterlassen, solltest du darauf achten, diese vollständig abzugeben. Deine Bewerbung sollte aus einem Anschreiben, einem Lebenslauf sowie sämtlichen Zeugnissen (Schul-, Ausbildungs-, Arbeitszeugnisse etc.) bestehen, denn nur so haben die Personaler und die Fachbereiche die Möglichkeit, sich ein umfassendes Bild von dir als Bewerber zu machen. Zudem sollten sowohl dein Anschreiben als auch dein Lebenslauf gut strukturiert und professionell gestaltet werden. Auch ein professionelles Foto ist ein absolutes Muss.

Ich persönlich schaue mir immer zuerst das Anschreiben des Kandidaten an, um relativ schnell feststellen zu können, ob der Bewerber zu der ausgeschriebenen Stelle passen könnte oder nicht. Daher ist es wichtig, dass du in deinem Anschreiben keine 08/15-Floskeln verwendest, die auf 100 andere Unternehmen genauso gut passen könnten. Dies zeugt nicht unbedingt von einem großen Einsatz oder dem Willen, bei der entsprechenden Firma arbeiten zu wollen. Versuche dich in deinem Anschreiben aus der Masse von Bewerbungen herauszuheben, sodass du in Erinnerung bleibst und das Bedürfnis weckst, dich zu einem persönlichen Gespräch einzuladen, da du interessant zu sein scheinst. Sei ruhig ein wenig persönlicher im Anschreiben und schreibe kurz zusammengefasst die Stationen aus deinem bisherigen Berufsleben auf, die besonders relevant für die Vakanz sind, auf die du dich beworben hast. So erkennt der Personaler auf den ersten Blick, ob du bereits relevante Berufserfahrung sammeln konntest oder nicht. Hierzu verwendest du am besten Schlüsselworte aus der Stellenanzeige, so zeigst du, dass du dich mit der Stelle beschäftigt hast, und erleichterst dem Personaler die Bewertung. Beschreibe außerdem deine Motivation, wieso du ausgerechnet bei diesem Unternehmen arbeiten möchtest.

Das Anschreiben sollte dennoch nicht länger als eine Seite und nicht zu vollgeschrieben sein, da der Personaler sonst „erschlagen" und deine Bewerbung höchstwahrscheinlich nicht lesen wird. Halte dir im Hinterkopf, dass der Personaler sich im Schnitt zwei Minuten Zeit nimmt, um deine Bewerbungsunterlagen zu sichten. Sobald der Bewerber mein Interesse durch sein Anschreiben geweckt hat und er dem Stellenanforderungsprofil entspricht, schaue ich mir seinen Lebenslauf an, um mir einen besseren Eindruck über ihn verschaffen und ihn somit ein wenig besser kennenlernen zu können. Zusätzlich ermöglicht mir der Lebenslauf eine Überprüfung, ob die in dem Anschreiben genannten Tätigkeiten und Stationen im Berufsleben wirklich bereits absolviert wurden oder nicht. Leider habe ich es schon oft erlebt, dass im Anschreiben Erfahrungen genannt wurden, die sich nicht mit dem Lebenslauf gedeckt haben, und somit Zweifel aufkommen ließen, ob sie tatsächlich gemacht wurden.

Ein weiteres wichtiges Kriterium bei dem Erstellen eines Lebenslaufs ist auch hier wieder die Übersichtlichkeit. Benenne am besten zuerst deine schulische Ausbildung und gehe dann weiter zu deinem beruflichen Werdegang, bei welchem du deine aktuelle bzw. letzte Position nach oben stellst. So kann man sich schnell einen Überblick verschaffen, ob die letzte Stelle relevant für die neue Position sein könnte. Zusätzlich ist es von Vorteil, wenn du zu jeder Position, die du bereits innehattest, eine kurze Übersicht zu den absolvierten Tätigkeiten gibst, um zu entscheiden, ob grundlegende Kriterien aus der Stellenanzeige, die gleichzeitig als Stellenanforderungsprofil dient, erfüllt wurden. Hierzu zählen neben den ersten Berufserfahrungen in entsprechend relevanten Bereichen der Bildungsabschluss sowie unterschiedliche Kenntnisse und Fähigkeiten, die für die Ausübung der Tätigkeit von Relevanz sind (dies könnten z. B. Softwareprogramme oder auch einfach nur theoretische Kenntnisse über bestimmte Themen sein).

Zudem wird aus dem Lebenslauf ersichtlich, wie lange der Bewerber für sein Studium gebraucht hat, wie lange er bei den jeweiligen vorherigen Arbeitgebern tätig war oder welche genauen Tätigkeiten er dort ausgeübt hat, was teilweise auch Unstimmigkeiten aufweisen kann, welche in einem späteren Bewerbungsgespräch angesprochen werden. Also stelle dich darauf ein, dass Personaler in einem persönlichen Gespräch auf jeden Fall nach den Gründen für lange Studiendauern, schnelle und viele Jobwechsel, Lücken oder nach anderen Unstimmigkeiten in deinem Lebenslauf fragen werden. Am besten gehst du mit solchen Fällen proaktiv um und sprichst diese direkt bei dem Erzählen deines Lebenslaufs von selbst an. Dies wirkt sofort positiver und offener, als wenn du es umgehst.

Können deine Bewerbungsunterlagen das Unternehmen deiner Wahl nun überzeugen, wirst du in der Regel recht schnell zu einem Bewerbungsgespräch eingeladen. Nun kommt es auch auf eine gute Vorbereitung an: Informiere dich im Internet über das Unternehmen, mache dir Gedanken, welche potenziellen Fragen gestellt werden können (in der Regel sind dies doch die klassischen „Personalerfragen"), und überlege dir selbst Fragen, die dich entweder bezogen auf das Unternehmen oder die konkrete Tätigkeit interessieren.

Ein zweiter wichtiger Punkt, worüber du dir Gedanken machen solltest, ist eine angemessene Kleidung. Es muss nicht immer unbedingt ein komplettes Business-Outfit sein. Ich selbst weiß noch, wie ich ein Bewerbungsgespräch bei einem IT-Start-up hatte und mich in meinen Lackballerinas, meiner schwarzen Anzughose, weißen Bluse und schwarzem Blazer vollkommen fehl am Platz gefühlt habe. Natürlich ist es im Endeffekt besser, ein wenig zu schick angezogen zu sein als zu „underdressed". Jedoch kann es zum einen den Nachteil haben, dass du dich in der Umgebung aufgrund deines Outfits einfach nicht wohlfühlst, weil es nicht zum Unternehmen und dem Dresscode der Mitarbeiter passt. Und zum anderen ist es möglich, dass deine Gesprächspartner sich ein falsches Bild von dir machen und dich als eine andere Person einschätzen, als du eigentlich bist, und denken, dass du nicht ins Team passen würdest. Beispielsweise reicht es in einer Marketingfirma oder im sozialen Bereich wahrscheinlich aus, wenn du eine vernünftige Jeans und eine Bluse bzw. ein Hemd trägst, wohingegen du bei einer Bank oder einer Unternehmensberatung eher zu einem Business-Outfit greifen solltest.

Außerdem hinterlässt es aus meiner Sicht immer einen guten Eindruck, wenn du einen Stift sowie einen Block mit in das Gespräch nimmst, um dir wichtige Dinge aufzuschreiben. So wirkst du direkt viel motivierter und interessierter.

Kommen wir nun zu den No-Gos bei einem Bewerbungsgespräch:

- *Zu spät kommen:* Es kann immer passieren, dass du durch externe Umstände zu spät zu dem Vorstellungsgespräch kommst. Dennoch kannst du immer bei den Gesprächspartnern anrufen und Bescheid geben. So können sich diese besser darauf einstellen und ihre Zeit besser einteilen. In der Regel solltest du ca. 10–15 min vor Beginn des Gesprächs vor Ort sein, damit du noch Zeit hast, dir einen ersten Eindruck über das Unternehmen zu verschaffen, dich und deine Unterlagen zu sortieren und dich ggf. noch ein wenig zu entspannen, solltest du sehr aufgeregt sein.
- *Deinen Lebenslauf nicht kennen:* Leider habe ich es schon oft genug erlebt, dass Bewerber ihren Lebenslauf nur bruchstückhaft wiedergeben konnten oder einige Stationen vergessen haben. Das zeugt zum einen nicht von einer guten Vorbereitung, und zum anderen lässt es ein wenig an deiner Glaubwürdigkeit zweifeln, da dadurch der Eindruck entsteht, dass du dir gewisse Teile nur ausgedacht hast, wenn du diese vergisst oder nichts zu diesen sagen kannst. Auch Lücken in deinem Lebenslauf solltest du offen ansprechen und erklären, wie es zu diesen kam oder wieso du in manchen Situationen so gehandelt hast. Das gibt den Personalern die Möglichkeit, dich besser kennenzulernen und einzuschätzen.
- *Unehrliches und nicht authentisches Verhalten:* Du musst nicht alles wissen. Klar verlangen Personaler zunächst recht viel von dir, da sie am liebsten die „eierlegende Wollmilchsau" einstellen würden. Diese gibt es aber gerade bei Einstiegsstellen in der Regel nur sehr selten bzw. gar nicht. Also fang bloß nicht an zu lügen, dass du angeblich bestimmte Fähigkeiten hättest, die du im Endeffekt gar nicht hast. So etwas kommt immer ans Licht und macht dich

unsympathischer und unglaubwürdiger. Gib lieber zu, dass du es nicht kannst, aber bereit bist, dich in das Thema einzuarbeiten und weiterzuentwickeln. Solche ehrlichen Aussagen, bei denen du auch Fehler zugibst, bringen dir meistens Bonuspunkte bei deinen Gesprächspartnern ein.

- *Deinen alten Arbeitgeber schlecht machen:* Egal, was zwischen dir und deinem alten Arbeitgeber vorgefallen ist, rede niemals schlecht über ihn. Die meisten Personaler gehen auf solche Aussagen ein und versuchen, dich zu provozieren, um zu schauen, wie du mit dieser Stresssituation umgehst und ob du negative Worte über deinen ehemaligen Chef oder Arbeitgeber fallen lässt. Solltest du tatsächlich schlecht über deinen letzten Chef sprechen, kann dies der ausschlaggebende Punkt sein, dass du den Job nicht bekommst. So etwas mögen Personaler gar nicht, da dies an deiner Loyalität und Kritikfähigkeit zweifeln lässt. In der Regel gehören zu Konfliktsituationen ja immer zwei Parteien.
- *Dir keine Gehaltsvorstellungen machen:* Zur weiteren Entscheidungsfindung und zum besseren Vergleich zu anderen Bewerbern ist es notwendig, dass du Angaben zu denen Gehaltsvorstellungen machst. Hast du diese nicht, wird häufig der Schluss daraus gezogen, dass du dich nicht genügend auf das Gespräch vorbereitet hast. Recherchiere vorher im Internet, was du als Absolvent in deinem Bereich verdienen kannst. Du musst dich nicht unter deinem Wert verkaufen. Auch Frauen sollten selbstbewusst in die Gehaltsverhandlungen gehen und klare Gehaltsvorstellungen haben. Passen deine Vorstellungen nicht zu denen des Unternehmens, werden sie dir schon mitteilen, was sie bereit sind zu zahlen. Wenn du dich vorbereitet und eine Ahnung hast, was der Markt aktuell zahlt, kannst du dich selbst auch vor Ausbeutung schützen und ein Vertragsangebot ablehnen, sollte dies viel zu weit von den gängigen Gehältern auf dem Markt abweichen.

Die Unternehmen suchen Menschen mit Persönlichkeit, die gut ins Team passen. Gib dich also so, wie du bist, und zwänge dich nicht in eine Rolle rein, nur weil du denkst, dass du dich so verhalten müsstest. Deine Gesprächspartner merken so etwas ganz schnell, was während des Gesprächs zu einigen unangenehmen Situationen führen kann. Solltest du die Stelle nicht bekommen, weil du nicht so warst, wie sie es gerne gehabt hätten, kannst du dich im Endeffekt nur freuen, da es für dich selbst vermutlich auch nicht das Richtige gewesen wäre. Sobald du mit einem mulmigen Gefühl aus dem Gespräch gehst, weil du dich nicht ganz wohlgefühlt hast, bringt es meistens nichts, die Stelle anzunehmen, da es nicht passen würde. Auch bei dir muss es „funken".

Lass dich von Rückschlägen nicht unterkriegen. Ich weiß, wie frustrierend es sein kann, wenn man nur Absagen oder im schlimmsten Falle erst gar keine Rückmeldung erhält. In solchen Fällen solltest du vielleicht deine Bewerbungsunterlagen noch einmal überprüfen und überlegen, was du optimieren kannst. Suche dir hierzu auch gerne Hilfe von deinen Freunden, Bekannten oder deiner Familie, da dir vielleicht der eine oder andere einen entscheidenden Hinweis geben kann, was du verbessern könntest. Außerdem hilft es manchmal, vergangene Vorstellungsgespräche zu reflektieren und dich ganz kritisch zu hinterfragen, was

du hättest besser machen können und was evtl. schiefgelaufen sein könnte. Bei
manchen Unternehmen kannst du auch um ein kurzes Feedback bitten, wieso du
bei dem Gespräch nicht überzeugen konntest bzw. wo es im Vergleich zu anderen Bewerbern gefehlt hat. Irgendwann wird es schon funktionieren, du darfst nur
nicht aufgeben!

Aileens Essential
Der wichtigste Tipp, den ich dir ans Herz legen möchte, ist, bei allem, was
du sagst und tust, authentisch und ehrlich zu sein.

26.6   Ein Assessment Center bestehen

Niclas Cronenberg

▶ **Zur Person** Niclas Cronenberg studierte Wirtschaftspsychologie und
   arbeitet als Junior Consultant in einer großen Personalberatung. Er ist
   für die Konstruktion und Durchführung von Assessment und Develop-
   ment Centern für DAX-Konzerne betraut. Dabei unterstützt er seine
   Kunden bei der Auswahl geeigneter Bewerber.

Abhängig von der Stelle und dem Unternehmen, bei welchem du dich bewirbst,
kann es dir passieren, dass dein Bewerbungsprozess auch nach einer sorgfältig
erstellten Bewerbung und einem erfolgreich verlaufenen Interview noch nicht
beendet ist. Statt einer festen Zu- oder Absage erhältst du dann vielleicht eine
weitere Einladung zu einem sog. Assessment Center (AC), welches in den Ein-
ladungsschreiben oder auf den Unternehmenswebseiten auch gerne als „Auswahlverfahren", „Auswahlseminar" oder „Potenzialtest" bezeichnet wird. Die
folgenden Ausführungen sollen dir dabei helfen, dich in den gängigsten Aufgaben der Assessment Center besser zurechtzufinden und deine Chancen auf
einen positiven Ausgang der doch recht anstrengenden Auswahltage zu erhöhen.
Die richtige Vorbereitung ist dabei genauso elementar wichtig wie auch die
richtige Einstellung, die du während des Auswahlverfahrens an den Tag legen
solltest. Auch wenn du dir sicher bist, dass dich im Rahmen deiner Bewerbung
(noch) kein Assessment Center erwarten wird, so ist es ganz sicher für deine weitere berufliche Zukunft von Vorteil, deine Kenntnisse über dieses immer häufiger
angewandte Auswahlverfahren auszubauen und dich mit der Erwartungshaltung
von Arbeitgebern an Bewerber auszukennen.
     Doch was genau ist ein Assessment Center eigentlich? Einen recht genauen
Eindruck von der Zielsetzung eines ACs erhält man bereits, wenn man den eng-
lischen Begriff ins Deutsche überführt. Grob übersetzt haben wir es mit einem
Bewertungs-, Einschätzungs- oder Beobachtungszentrum zu tun. Dieser Name

ist dann auch Programm, denn im Mittelpunkt stehen die Bewerber, deren Kompetenzen, Problemlösungsstrategien, Motivationen und Einstellungen durch verschiedene Beobachtungen erhoben werden sollen. Das Fachwissen der Bewerber wird während eines ACs hingegen eher weniger überprüft. Der hohe organisatorische Aufwand eines ACs im Vergleich zu einem „einfachen" Jobinterview wird also dadurch gerechtfertigt, dass mehr und relevantere Informationen über den Bewerber und dessen Eignung für die Position gewonnen werden. Unternehmen, die ACs für die Kandidatenauswahl bestimmter Stellen verwenden, halten die Positionen also für zu wichtig oder kostspielig, als dass sie das Risiko einer Fehlbesetzung eingehen.

Allerdings hängt die Aussagekraft des ACs vor allem davon ab, wie spezifisch die Aufgaben und die Bewertungsdimensionen an die jeweilige Stelle und das Unternehmen angepasst wurden. Je näher die Aufgaben an der beruflichen Realität liegen, desto gültiger und belastbarer sind in der Regel die Urteile der Beobachter. Es liegt nahe, dass somit dann auch das Beobachtergremium, welches den Kandidaten bei der Ausführung der verschiedenen Aufgaben beobachtet und bewertet, meist aus Mitarbeitern des einstellenden Unternehmens aus der entsprechenden Fachabteilung und der Personalabteilung besteht. Auch externe Berater sind häufiger im Beobachtergremium vertreten.

Ein wichtiges Merkmal bei der Zusammenstellung des Beobachtergremiums besteht darin, dass jeder Bewerber in den Aufgaben von mehreren Beobachtern bewertet wird. Dies soll zur Steigerung der Objektivität der Bewertungen beitragen und Verzerrungen in der Wahrnehmung einzelner Beobachter entgegenwirken. Neben dem Aspekt der Realitätsnähe gibt es noch eine ganze Reihe weiterer Faktoren, welche die Vorhersagequalitäten eines ACs deutlich erhöhen oder auch vermindern können. Diese werden wir allerdings nicht weiter erörtern, denn schließlich soll dieser Beitrag dich auf die Teilnahme an einem solchen Auswahlverfahren vorbereiten und nicht auf die Konzeption eines solchen.

Stelle dich schon mal darauf ein, dass du vermutlich nicht der einzige Teilnehmer an dem AC sein wirst, da es für Unternehmen deutlich kosteneffizienter ist, mehrere Bewerber gleichzeitig auf die Probe zu stellen. Die Durchführung eines ACs mit nur einem Teilnehmer ist eine Besonderheit und wird häufig nur durch die besondere Relevanz der Position gerechtfertigt. Im Regelfall kannst du davon ausgehen, dass zwischen sechs und 20 Bewerbern an dem Verfahren teilnehmen werden. Wie du später in diesem Beitrag feststellen wirst, kann sich die Anzahl der Teilnehmer auch auf die Art der Aufgabenstellungen auswirken, die den Bewerbern gestellt werden. Die Dauer eines ACs ist dabei genauso variabel wie die Teilnehmeranzahl: Angefangen von einem halben Tag bis hin zu drei Tagen können ACs je nach den Bedürfnissen des Unternehmens unterschiedliche Durchführungszeiträume aufweisen.

Typische Aufgaben eines Assessment-Center
Um die Eignung des Bewerbers in verschiedenen berufsrelevanten Bereichen zu testen, wird in der Durchführung von ACs auf ein breites Spektrum an Rollenspielen,

Tab. 26.2 Übersicht über
die gängigsten AC-Übungen

Einzeltestverfahren	Gruppenübungen	Simulationen
Intelligenztest	Gruppendiskussion	Konfliktgespräch
Persönlichkeitstest	Fallstudie	Fallstudie
Selbstpräsentation		
Interviewgespräch		
Postkorbübung		

Einzeltestverfahren und Simulationen wie Konfliktgespräche zurückgegriffen. Die verschiedenen Ansprüche und Herausforderungen, die mit den wechselnden Aufgaben verbunden sind, sollen den Beobachtern eine verbesserte Einschätzung des Bewerberprofils ermöglichen. Eine Übersicht der gängigsten AC-Übungen findet sich in Tab. 26.2.

Ein AC ist also vor allem eine Kombination von Aufgaben, welche diesen drei Kategorien zugeordnet werden können. Wie viele dieser in der Übersicht benannten Aufgaben tatsächlich durchgeführt werden, ist letztlich abhängig vom Durchführungszeitraum und der Investitionsbereitschaft des Unternehmens. Auf jede der Übungen kannst du dich bereits mehr oder weniger vor Beginn des ACs vorbereiten und somit zusätzlich dein Stresslevel während des Verfahrens in Schach halten.

Einzeltestverfahren

- *Intelligenztest:* Intelligenztests können verschiedene Aufgaben aus den Bereichen Mathematik, Sprache, Logik, räumliches Denken und Allgemeinwissen enthalten. Auch wenn ein Teil der Intelligenz angeboren ist, kannst du dich dennoch auf diese Art von Tests vorbereiten, indem du dich mit den Aufgabentypen bekannt machst. Dabei kannst du dich einer Vielzahl von Literatur und Webseiten bedienen, welche dir einen guten Überblick vermitteln können. Zwar kennst du danach natürlich nicht die Aufgaben, welche dir tatsächlich gestellt werden. Doch du kannst dich an die Struktur der Aufgaben gewöhnen, wodurch du dich in diesen schneller und einfacher zurechtfinden wirst. Außerdem kannst du herausfinden, wo genau deine Entwicklungsfelder liegen, und gezielt an diesen arbeiten. Letztlich wirst du durch die Vorbereitung deutlich entspannter an den Test herangehen.
- *Persönlichkeitstest:* Dieses AC-Element hat zum Ziel, deine Persönlichkeitseigenschaften zu ermitteln und diese mit den Anforderungen der Zielposition zu vergleichen. Das Unternehmen hat meist ein großes Interesse daran zu ermitteln, ob du nicht nur fachlich, sondern auch menschlich hineinpasst. Du solltest dir allerdings stets vor Augen halten, dass es keine richtigen oder falschen Antworten gibt, sondern ermittelt werden soll, wie die Ausprägungsstärke verschiedener Persönlichkeitseigenschaften von dir ist. Du solltest unter keinen Umständen versuchen, dich in der Beantwortung der Fragen zu verstellen. Dies kann dir sogar schaden, wenn die Wahrnehmung der Beobachter

von deiner Person und deine Selbstwahrnehmung in Form der Ergebnisse der Persönlichkeitsmessung gegenübergestellt werden und deutlich voneinander abweichen. Willst du dich vorbereiten, dann denke vor allem über deine Stärken und Schwächen sowie dein Konfliktverhalten nach. Dein Maß an Selbstreflexion kann auch von einem Feedback eines Familienmitgliedes oder einer Freundin bzw. eines Freundes gesteigert werden.

- *Selbstpräsentation:* Eine gelungene Selbstpräsentation kann zu einem gelungenen Verfahrensauftakt werden, wenn du dich richtig vorbereitest. Wichtige Aspekte, die deine Person beschreiben, hast du vielleicht schon während deines ersten Vorstellungsgesprächs dargestellt. Darauf kannst du dann natürlich weiter aufbauen. Allerdings wirst du während des ACs vermutlich stehend präsentieren und dabei idealerweise (falls erlaubt) Medien wie eine Power-Point-Präsentation und Flipcharts verwenden. Wichtige Punkte, die sich in deiner Präsentation wiederfinden sollten, sind allgemeine Angaben zu deiner Person wie dein Name, deine Herkunft und dein Alter sowie Angaben über deinen Bildungs- und Berufsweg wie Studiengänge, Praktika und Berufserfahrung. Besonders wichtig ist hierbei ebenfalls, stets die Motivation für bestimmte persönliche und berufsbezogene Entscheidungen anzugeben. Eine zu „seichte" Präsentation erfüllt nicht das Bedürfnis der Beobachter, Einblicke in deine Persönlichkeit zu erhalten. Die goldene Regel hierbei stellt vor allem das Üben deiner Präsentation dar, denn auch deine Präsentationsskills sind von Interesse. Hierbei gilt es jedoch stets, ein Maß an Natürlichkeit und Spontanität beizubehalten, da steife und auswendig gelernte Präsentationen ebenso wenig überzeugend wirken wie Präsentationen, die planlos und stockend vorgetragen werden.

- *Interviewgespräch:* Das Interview im Assessment Center dient den Beobachtern vor allem dazu, noch unklare Aspekte zu deiner Person zu vertiefen. Findet es am Ende einer Übung oder am Ende des ACs statt, ist auch deine Selbstreflexion von Relevanz, da du hier auch nach deiner Wahrnehmung deiner Performance gefragt werden kannst. Eine gute Vorbereitung kann im Vorfeld des ACs erfolgen, indem du dir – wie bereits für die Vorbereitung des Persönlichkeitstests – Gedanken über deine Person sowie über deine Stärken und Schwächen machst. Stelle dich aber auch auf kritische Rückfragen zu deinem Lebenslauf, deiner fachlichen Eignung und Motivation ein. Behalte für deine Vorbereitung im Hinterkopf, dass auch Fragen zu Themen gestellt werden können, die das Unternehmen aktuell stark beschäftigen oder dein Branchenwissen testen.

- *Postkorbübung:* In dieser Übung musst du deine Organisations- und Entscheidungsfähigkeiten unter Beweis stellen. Stelle dich darauf ein, dass in dieser Testaufgabe eine Flut an Informationen an dein fiktives Postfach herangetragen wird, welche du in einem sehr begrenztem Zeitrahmen durchdringen musst, um eine Reihe von Entscheidungen entsprechend ihrer Prioritäten zu treffen. Als wären die Vielzahl des Materials und die knappe Bearbeitungszeit nicht bereits herausfordernd genug, lauern Fallstricke vor allem in Terminüberschneidungen, die sich aber durch das Erstellen eines Terminkalenders erkennen lassen. Außerdem ist es wichtig, dass du dir klarmachst, welche Aufgaben du delegieren kannst und welche du selbst erledigen musst. Hierbei solltest du dich zur Vorbereitung mit der Eisenhower-Matrix vertraut machen.

Gruppenübungen

- *Gruppendiskussion:* Während der Gruppendiskussion, die du in der Regel mit deinen Mitbewerbern führen wirst, soll dein Interaktionsvermögen beobachtet werden. Die Diskussion wird durch eine Aufgabenstellung befeuert, die die Gruppe in einer gewissen Zeit zu lösen hat. Hierbei wird meist kein Diskussionsleiter bestimmt, sodass du selbst auf deinen Redeanteil achten musst. Verhalte dich nicht passiv, sondern unterbreite der Gruppe deine Ideen, aber lasse dich auch von denen der anderen Teilnehmer überzeugen, falls diese inhaltlich schlüssig sind. Empfehlenswert ist es außerdem, eher stille Teilnehmer ganz gezielt nach deren Meinung zu befragen und sie somit in die Gruppe zu integrieren. In dieser Übung sind Teamplayer und keine konkurrenzfixierten Alleingänger gefragt. Pluspunkte sammelst du auch durch das zwischenzeitliche Zusammenfassen der Diskussionsergebnisse.

  Neben Deiner Interaktionsfähigkeit werden meist auch die Stringenz deiner Ideen sowie deren Inhalt bewertet. Versuche den Beobachtern daher zu zeigen, dass du das Problem aus verschiedenen Perspektiven und Standpunkten betrachten kannst (z. B. die Einnahme der Kundenperspektive, falls dies nützlich sein könnte).

- *Fallstudie:* Siehe hierzu unten unter „Simulationen".

Simulationen

- *Konfliktgespräch:* Wenig überraschend sollst du in einer solchen Übung einen Konflikt mit deinem Gegenüber beilegen. Häufig findet eine solche Simulation in der Rollenverteilung von Führungskraft und Mitarbeiter statt, wobei du den Part der Führungskraft übernimmst. Die Herausforderung besteht darin, eine einvernehmliche Lösung für das Problem zu finden. Vor dem Gesprächsbeginn wird dir meist eine Einarbeitungszeit gewährt, welche du nutzen solltest, um dich in das Problem einzuarbeiten und dir eine Gesprächsstrategie samt Argumenten zu überlegen. Du kannst davon ausgehen, dass dein Gegenüber kein Mitbewerber sein wird, sondern ein Rollenspieler, welcher standardisierte Reaktionen und Verhaltensweisen einstudiert hat. Mache dir bewusst, dass daher dein Gegenüber über mehr Informationen verfügt, die du im Laufe des Gesprächs herausfinden musst, um alle Handlungs- und Kompromissalternativen zu erkennen. Es empfiehlt sich also, auch auf der Beziehungsebene zu arbeiten, wobei du sorgsam abwägen musst, bei welchen Gesprächspunkten du durch Beharrlichkeit und Überzeugungskraft dem Mitarbeiter oder unwilligen Kollegen Grenzen aufzeigst. Die Einhaltung des Zeitmanagements sowie die Verbindlichkeit der gefundenen Lösung (z. B. durch die Vereinbarung eines Folgegesprächs) sind ebenfalls enorm wichtige Punkte. Es gibt eine große Anzahl von sehr guter Literatur über den Aufbau und die Führung von Mitarbeitergesprächen, welche du für deine systematische Vorbereitung nutzen kannst.

- *Fallstudie:* Die Fallstudie kann dir sowohl in Form einer Gruppen- als auch einer Einzelaufgabe begegnen. Bei dieser Übung sollen Kompetenzen wie Fachwissen, Belastbarkeit, logisches Denkvermögen, Konzentrationsfähigkeit und eine strukturierte Vorgehensweise des Bewerbers geprüft werden. Diese Eigenschaften sind dann auch zwingend notwendig, um die Aufgabe zu bewältigen, bei welcher du eine Vielzahl an Informationen und Daten über eine (meist betriebswirtschaftliche Sachlage wie z. B. die Einführung eines neuen Produkts auf dem Markt) erhältst, aus denen du zunächst ein bestimmtes Problem erkennen und dieses dann auch lösen musst. Eine themenspezifische Vorbereitung ist kaum möglich, da jedes Unternehmen auf andere Herausforderungen und Informationen zurückgreift; allerdings empfiehlt es sich, zumindest die aktuellen Herausforderungen des Unternehmens oder der Branche zu kennen. Stelle sicher, dass du die Grundrechenarten sicher beherrschst, und lass dich nicht aus der Ruhe bringen. Die Dokumentation deiner Lösung muss ggf. noch präsentiert werden, weshalb das Zeitmanagement eine wichtige Rolle spielt. Lies dir die Aufgabenstellung und das Material genau durch und vergiss dabei nicht, dass du vermutlich auch eine Priorisierung der Fakten und deiner Handlungsmaßnahmen vornehmen musst. Literatur über Projektmanagement kann dich in deiner Vorbereitung unterstützen, da du von den hier erworbenen Kenntnissen in der Planung der Projektumsetzung des Fallbeispiels profitieren kannst.

Niclas Essential

Solltest du zu einem Assessment Center eingeladen werden, dann bereite dich gut vor. Nutze Fachbücher zur inhaltlichen Einstimmung und scheue dich nicht, die eine oder andere mentale Übung in die Vorbereitung einzubeziehen.

Schlusswort

Bewerben ist ein zweiseitiger Prozess. Du „be-wirbst" dich mit deinem Arbeitsvermögen, genauso wie ein Arbeitgeber für sich wirbt. Beide Seiten wollen sich von anderen „Mit-bewerbern" absetzen und ein gutes Angebot auf dem Arbeitsmarkt abgeben. Beide haben jeweils für sich die Hoffnung, dem anderen zu genügen und effektiv zusammenzupassen. Daher solltest du es dir stets erlauben, zu jeder Zeit des Bewerbungsprozesses einem potenziellen Arbeitgeber auf Augenhöhe zu begegnen. Auch wenn du vor dem Boss eines Weltkonzerns sitzt, der in deiner Vita sowie auch in vielen anderen blättert – ihr wollt beide etwas voneinander, und nicht du allein bist Bittsteller. Der Gedanke, dass du metaphorisch betrachtet klein bist und die Arbeitgeber groß sind, ist falsch und schlicht unangemessen.

Dennoch ist der Bewerbungsprozess eine Art Gesellschaftsspiel. Es geht darum mitzuspielen, gewisse Regeln zu verstehen, diese für seinen Vorteil einzusetzen, fair zu bleiben, strategisch zu handeln, Spaß zu haben und am Ende ein guter Verlierer oder Gewinner zu sein. Und irgendwann gewinnt jeder einmal, der die Regeln des Spiels verstanden hat. Auch wenn dieses Spiel manchmal unsinnig erscheint und viele Fragen aufwirft – die wichtigste Frage für dich lautet: Spielst du mit oder nicht?

© Springer-Verlag GmbH Deutschland, ein Teil von Springer Nature 2019   195
M. Sutoris, *Der Bewerbungs-Coach,* https://doi.org/10.1007/978-3-662-59458-2

Weiterführendes Material

Informationen und Tipps im Internet

www.bewerbung.com – kostenlose Word-Vorlagen, ein Service von XING
www.oeffentlicher-dienst.info – Gehaltstabelle für den öffentlichen Dienst
www.gehaltsvergleich.com – Branchenvergleich verschiedener Berufe und Gehälter
www.stepstone.de – jährlicher Gehaltsreport
www.brutto-netto-rechner.info – Vergleich zwischen Brutto- und Nettoeinkommen
www.karrierebibel.de – Bewerbungstipps, Vorlagen etc.
www.staufenbiel.de – Stellenbörse, Jobmessen, Informationen zu Berufsbildern, Karriere-magazin
www.existenzgruender.de – Tipps für Gründer vom Bundesministerium für Wirtschaft und Energie
www.coaching-smart.de – Karrieretipps für Young Professionals
www.der-talentkompass.de – Karriere-Profiling-Tool
www.antidiskriminierungsstelle.de – Informationen zur anonymen Bewerbung
www.wzb.eu – Wissenschaftszentrum Berlin für Sozialforschung (z. B. Arbeitsmarktdis-kriminierung)
www.europaeischer-referenzrahmen.de – Überblick über die GER-Sprachlevel
www.wikipedia.de – Rhetorische Stilmittel
www.zitate.de – Zitatsammlung
www.kununu.de – Portal zur Bewertung von Arbeitgebern durch Arbeitnehmer
www.greatplacetowork.de – Arbeitgeber-Ranking
www.berufenet.arbeitsagentur.de – Einblick in alle denkbaren Berufsbilder
www.kursnet.arbeitsagentur.de – Übersicht geförderter Weiterbildungen

Stellenportale und Netzwerke

www.academics.de – Akademiker
www.karriere.unicum.de – Studenten und Absolventen
www.absolventa.de – Berufseinsteiger
www.stepstone.de – heterogen
www.zeit.de – heterogen
www.monster.de – heterogen
www.naturwissenschaft.career – ausschließlich Naturwissenschaftler
www.jobware.de – Fach- und Führungskräfte
www.yourfirm.de – heterogen

www.indeed.de – heterogen
www.job-vector.de – Ingenieure
www.kimeta.de – heterogen
www.talentsconnect.com – Soft-Skill-Matching-Stellenbörse
www.talents4good.org – überwiegend Non-Profit-Unternehmen
www.vertriebs-jobs.de – Vertriebler aller Branchen
www.stellenmarkt.nrw.de – Einrichtungen des Landes bzw. der Länder
www.bund.de/stellenangebote – Einrichtungen des Bundes
www.stellenmarkt.faz.net – heterogen
www.kulturmanagement.net – ausschließlich Kulturbereich (kostenpflichtig)
www.experteer.de – hochdotierte Jobs für Führungskräfte (kostenpflichtig)
www.talentcube.de – Bewerbung per Video
www.viasto.com – Bewerbung per Video
www.xing.com – heterogenes Netzwerk in Deutschland
www.linkedin.com – internationales Netzwerk für Fach- und Führungskräfte
www.zenjob.de – Studentenjobs
www.jobboerse.arbeitsagentur.de – Stellenportal der Bundesagentur für Arbeit

Bücher

Die Macht der Rhetorik – Roman Braun, Redline, 2018
Körpersprache im Beruf – Monika Matschnig, GU, 2012
In 90 Tagen aus der Arbeitslosigkeit – Hans-Georg Willmann, Cornelsen, 2010
Business-Knigge – Anke Quittschau, Haufe, 2018
Arbeit 4.0 aktiv gestalten – Simon Werther, Springer, 2017
Finde den Job, der dich glücklich macht – Angelika Gulder, Campus, 2013
Der Uni-Coach – Martin Sutoris, Springer, 2018
Projekt-, Bachelor- und Masterarbeiten schreiben – Jörg Klewer, Springer, 2016
Assessment Center: Entwicklung, Durchführung und Trends – Christof Obermann, Springer, 2017
Assessment Center erfolgreich bestehen – Johannes Stärk, Gabal, 2018

Apps

JobUFO, iTunes App Store
giga-cv, iTunes App Store
Vorstellungsgespräch Trainer, App im Google Play Store
Bewerbung Vorstellungsgespräch, App im Google Play Store
Bewerben App, App im Google Play Store
PDF24, kostenlos mit MS Word PDF-Dokumente erstellen und mergen

Ihr kostenloses eBook

Vielen Dank für den Kauf dieses Buches. Sie haben die Möglichkeit, das eBook zu diesem Titel kostenlos zu nutzen. Das eBook können Sie dauerhaft in Ihrem persönlichen, digitalen Bücherregal auf **springer.com** speichern, oder es auf Ihren PC/Tablet/eReader herunterladen.

1. Gehen Sie auf **www.springer.com** und loggen Sie sich ein. Falls Sie noch kein Kundenkonto haben, registrieren Sie sich bitte auf der Webseite.
2. Geben Sie die eISBN (siehe unten) in das Suchfeld ein und klicken Sie auf den angezeigten Titel. Legen Sie im nächsten Schritt das eBook über **eBook kaufen** in Ihren Warenkorb. Klicken Sie auf **Warenkorb und zur Kasse gehen**.
3. Geben Sie in das Feld **Coupon/Token** Ihren persönlichen Coupon ein, den Sie unten auf dieser Seite finden. Der Coupon wird vom System erkannt und der Preis auf 0,00 Euro reduziert.
4. Klicken Sie auf **Weiter zur Anmeldung**. Geben Sie Ihre Adressdaten ein und klicken Sie auf **Details speichern und fortfahren**.
5. Klicken Sie nun auf **kostenfrei bestellen**.
6. Sie können das eBook nun auf der Bestätigungsseite herunterladen und auf einem Gerät Ihrer Wahl lesen. Das eBook bleibt dauerhaft in Ihrem digitalen Bücherregal gespeichert. Zudem können Sie das eBook zu jedem späteren Zeitpunkt über Ihr Bücherregal herunterladen. Das Bücherregal erreichen Sie, wenn Sie im oberen Teil der Webseite auf Ihren Namen klicken und dort **Mein Bücherregal** auswählen.

EBOOK INSIDE

eISBN	978-3-662-59458-2
Ihr persönlicher Coupon	2c9zb9TKd2ZZeMk

Sollte der Coupon fehlen oder nicht funktionieren, senden Sie uns bitte eine E-Mail mit dem Betreff: **eBook inside** an **customerservice@springer.com**.

Printed by Printforce, the Netherlands